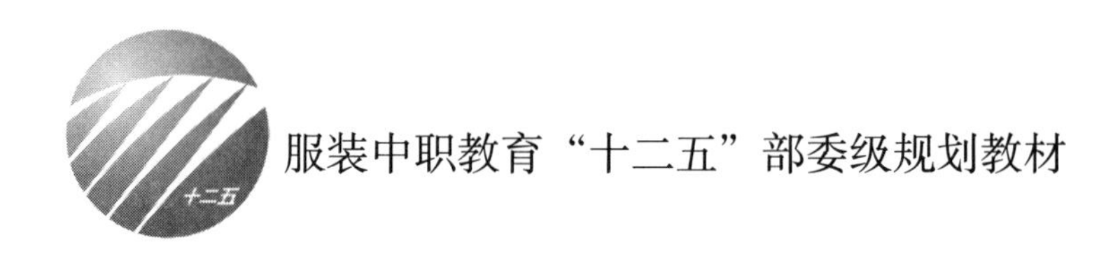

服装中职教育“十二五”部委级规划教材

服装材料与造型

丛书主编　陈桂林

本书主编　肖　红

中国纺织出版社

内 容 提 要

本书主要围绕服装材料展开，以构成服装的材料种类、性能与应用为主线进行编写，包括服装面料构成、服装辅料、服装材料性能与加工技术、服装造型与服装材料应用、服装洗涤与整烫等内容。本书的主要特色是在服装材料相关理论知识的基础上，根据中职服装教学的特点，采用图文并茂的形式，详细介绍常见的服装面辅料及其特征，还根据不同服装材料的特点，侧重阐述了服装材料在服装加工过程中的应用。

本书可作为中职院校服装专业教材，也可供服装设计制作人员阅读参考。

图书在版编目(CIP)数据

服装材料与造型/肖红主编. —北京：中国纺织出版社，2014.1(2022.1 重印)

服装中职教育"十二五"部委级规划教材

ISBN 978-7-5180-0107-1

Ⅰ.①服… Ⅱ.①肖… Ⅲ.①服装—材料—中等专业学校—教材 ②服装设计—造型设计—中等专业学校—教材 Ⅳ.①TS941.15②TS941.2

中国版本图书馆 CIP 数据核字(2013)第 249587 号

策划编辑：宗 静　　责任编辑：杨 勇　　责任校对：楼旭红
责任设计：何 建　　责任印制：何 建

中国纺织出版社出版发行
地址：北京市朝阳区百子湾东里 A407 号楼　邮政编码：100124
邮购电话：010—67004461　传真：010—87155801
http://www.c-textilep.com
E-mail：faxing@c-textilep.com
唐山玺诚印务有限公司印刷　各地新华书店经销
2014 年 1 月第 1 版　2022 年 1 月第 4 次印刷
开本：787×1092　1/16　印张：8.50
字数：138 千字　定价：32.00 元

服装中职教育“十二五”部委级规划教材

出版者的话

《国家中长期教育改革和发展规划纲要》（简称《纲要》）中提出“要大力发展职业教育”，职业教育要“把提高质量作为重点。以服务为宗旨，以就业为导向，推进教育教学改革。实行工学结合、校企合作、顶岗实习的人才培养模式”。为全面贯彻落实《纲要》，中国纺织服装教育学会协同中国纺织出版社，认真组织制订“十二五”部委级教材规划，组织专家对各院校上报的“十二五”规划教材选题进行认真评选，力求使教材出版与教学改革和课程建设发展相适应，并对项目式教学模式的配套教材进行了探索，充分体现职业技能培养的特点。在教材的编写上重视实践和实训环节内容，使教材内容具有以下三个特点：

（1）围绕一个核心——育人目标。根据教育规律和课程设置特点，从培养学生学习兴趣和提高职业技能入手,教材内容围绕生产实际和教学需要展开,形式上力求突出重点,强调实践。附有课程设置指导,并于章首介绍本章知识点、重点、难点及专业技能，章后附形式多样的思考题等，提高教材的可读性，增加学生学习兴趣和自学能力。

（2）突出一个环节——实践环节。教材出版突出中职教育和应用性学科的特点，注重理论与生产实践的结合，有针对性地设置教材内容，增加实践、实验内容，并通过多媒体等形式，直观反映生产实践的最新成果。

（3）实现一个立体——开发立体化教材体系。充分利用现代教育技术手段，构建数字教育资源平台，部分教材开发了教学课件、音像制品、素材库、试题库等多种立体化的配套教材，以直观的形式和丰富的表达充分展现教学内容。

教材出版是教育发展中的重要组成部分，为出版高质量的教材，出版社严格甄选作者，组织专家评审，并对出版全过程进行跟踪，及时了解教材编写进度、编写质量，力求做到作者权威、编辑专业、审读严格、精品出版。我们愿与院校一起，共同探讨、完善教材出版，不断推出精品教材，以适应我国职业教育的发展要求。

中国纺织出版社

教材出版中心

序

为深入贯彻《国务院关于加大发展职业教育的决定》和《国家中长期教育改革和发展规划纲要（2010–2020年）》，落实教育部《关于进一步深化中等职业教育教学改革的若干意见》、《中等职业教育改革创新行动计划（2010–2012年）》等文件精神，推动中等职业学校服装专业教材建设，在中国纺织服装教育学会的大力支持下，中国纺织出版社联袂北京轻纺联盟教育科技中心共同组织全国知名服装院校教师、企业知名技术专家、国家职业鉴定考评员等联合组织编写服装中职教育“十二五”部委级规划教材。

一、本套教材的开发背景

从2006年《国务院关于大力发展职业教育的决定》将“工学结合”作为职业教育人才培养模式改革的重要切入点，到2010年《国家中长期教育改革和发展规划纲要2010–2020年》把实行“工学结合、校企合作、顶岗实习”的培养模式部署为提高职业教育质量的重点，经过四年的职业教育改革与实践，各地职业学校对职业教育人才培养模式中的宏观和中观层面的要求基本达成共识，办学理念得到了广泛认可。当前职业教育教学改革应着力于微观层面的改革，以课程改革为核心，实现实习实训、师资队伍、教学模式的改革，探索工学结合的职业教育特色，培养高素质技能型人才。

同时，由于中国服装产业经历了三十多年的飞速发展，产业结构、经营模式、管理方式、技术工艺等方面都产生了巨大的变革，所以传统的服装教材已经无法满足现代服装教育的需求，服装中职教育迫切需要一套适合自身模式的教材。

二、当前服装中职教材存在的问题

1.服装专业现用教材多数内容比较陈旧，缺乏知识的更新。甚至部分教材还是七八十年代出版的。服装产业属于时尚产业，每年都有不同的流行趋势。再加上近几年服装产业飞速地发展，设备技术不断地更新，一成不变的专业教材，已经不能满足现行教学的需要。

2.教材理论偏多，指导学生进行生产操作的内容太少，实训实验课与实际生产脱节，导致整体实用性不强，使学生产生“学了也白学”的想法。

3.专业课之间内容脱节现象严重，缺乏实用性及可操作性。服装设计、服装制板、服装工艺教材之间的知识点没有得到紧密地关联，款式设计与板型工艺之间没有充分地结合和对应，并且款式陈旧，跟不上时尚的步伐，所以学生对制图和工艺知识缺乏足够的认识及了解，设计的款式只能单纯停留在设计稿。

三、本套教材特点

1.体现了新的课程理念

本书以“工作过程”为导向，以职业行动领域为依据确定专业技能定位，并通过以实际案例操作为主要特征的学习情境使其具体化。“行动领域→学习领域→学习情境”构成了该书的内容体系。

2.坚持了“工学结合”的教学原则

本套教材以与企业接轨为突破口，以专业知识为核心内容，争取在避免知识点重复的基础上做到精练实用。同时理论联系实际、深入浅出，并以大量的实例进行解析。力求取之于工，用之于学。

3.教材内容简明实用

全套教材大胆精简理论推导，果断摒弃过时、陈旧的内容，及时反映新知识、新技术、新工艺和新方法。教材内容安排均以能够与职业岗位能力培养结合为前提。力求通过全套教材的编写，努力为中职教育教学改革服务，为培养社会急需的优秀初级技术型应用人才服务。同时考虑到减轻学生学习负担，除个别教材外，多数教材都控制在20万字左右，内容精练、实用。

本套教材的编写队伍主要以服装院校长期从事一线教学且具有高级讲师职称的老师为主，并根据专业特点，吸收了一些双师型教师、知名企业技术专家、国家职业鉴定考评员来共同参加编写，以保证教材的实用性和针对性。

希望本套服装中职教材的出版，能为更好地深化服装院校教育教学改革提供帮助和参考。对于推动服装教育紧跟产业发展步伐和企业用人需求，创新人才培养模式，提高人才培养质量也具有积极的意义。

国家职业分类大典修订专家委员会纺织服装专家
广西科技职业学院副院长
北京轻纺联盟教育科技中心主任
2013年6月

前　言

《服装材料与造型》课程是中职院校服装专业的一门重要专业基础课程，服装材料是构成服装的重要组成部分，服装的造型和色彩都与服装材料密不可分。随着我国纺织服装工业的快速发展，对服装教育和人才培养提出了更高的要求，特别是在中职教育中提出了技术型应用人才的培养目标，强调人才培养的实用性与针对性。

基于以上背景，本教材力求理论与实践相结合，在服装材料相关理论知识的基础上，结合常见服装材料的不同种类及其性能特点，详细地归纳并阐述了服装材料在服装加工过程中的实际应用情况，主要包括服装材料的加工技术（裁剪、缝纫和熨烫）、服装材料的造型设计、基于不同服装造型的材料应用、不同材料构成的服装洗涤与整烫等内容。通过本课程的学习，使学生更好地了解并掌握服装材料的基础知识，对服装材料实际应用能力的提升起到有效的促进作用，同时也为培养学生在今后工作实践中解决具体实际问题打下坚实的基础。

本书由肖红主编，其中肖红编写第一章至第三章和第四章第一节，张睿编写第四章第二节和第六章，袁燕编写第五章，全书由肖红统稿。此外，本书在编写过程中参考借鉴了业内同行的部分文献资料，在此谨向这些资料的作者表示最诚挚的感谢。

在编写此教材的过程中，作者力求准确。但是由于作者水平有限，书中难免存在疏漏和不足之处，敬请广大读者和同行专家批评指正。

西安工程大学服装与艺术设计学院

肖　红

2013年6月

教学内容及课时安排

章/课时	课程性质/课时	节	课程内容
第一章 （2 课时）	基础理论 （18 课时）		**• 绪论**
		一	服装材料的历史与现状
		二	服装材料与服装
第二章 （10 课时）			**• 服装面料**
		一	线类材料
		二	织物类材料
		三	裘皮与皮革
第三章 （6 课时）			**• 服装辅料**
		一	服装衬料与垫料
		二	服装里料与絮填料
		三	紧固材料、缝纫线、装饰与包装材料
第四章 （20 课时）	理论与应用实践课程 （52 课时）		**• 服装材料性能与加工技术**
		一	常见服装材料性能
		二	服装加工技术
第五章 （20 课时）			**• 服装造型与服装材料应用**
		一	服装造型概述
		二	服装材料造型设计
		三	不同种类服装的造型特点及材料应用
第六章 （12 课时）			**• 服装洗涤与整烫**
		一	服装洗涤
		二	服装整烫

注　各院校可根据自身的教学特点和教学计划对课时数进行调整。

基础理论

第一章
绪　论

课题名称：绪论

课题内容：本章阐述了服装材料的发展状况、服装材料的构成、服装材料的风格与服装造型等内容。

课题时间：2 学时

训练目的：使学生对服装材料与服装造型有初步的认知，并了解服装材料的构成及其与服装造型的关系等内容。

教学方式：多媒体教学，结合经典图片进行授课。

教学要求：教师理论教学 2 学时，也可结合实际着装进行服装材料与服装造型关系的讲解。

学习重点：（1）学习服装材料的历史与现状，以便更好地了解人们对服装材料的普遍认知及其在服装中的应用。

（2）学习服装材料的构成，为今后更好地将服装材料应用于服装，并为处理好服装材料与服装造型的关系做好铺垫。

第一节　服装材料的历史与现状

一、服装材料的历史

从人类历史遗存和考古发现表明，人类最早采用的服装材料是兽毛皮和树叶。公元前5000年埃及开始用麻织布作为服装材料，公元前3000年印度开始用棉花作为服装材料，公元前2600年中国开始用丝绸制衣，并对纤维材料进行染色后织造。至东汉张骞出使西域并开通了丝绸之路后，东西方建立并加强了彼此间在各方面的交流与融合，其中纺织印染技术也得到了空前的快速发展，公元前1世纪人们开始进行织物染色。此后近2000年，棉、麻、丝、毛等天然纤维成为服装材料的主要来源。

服装材料的发展与纺织工业的发展是密不可分的，纺织品的生产逐渐由手工生产发展到机械生产。1925年英国成功地研发生产了黏胶短纤维。1938年美国宣布锦纶（尼龙）纤维的诞生，继而1950年开始生产腈纶（聚丙烯腈纤维），1953年涤纶（聚酯纤维）问世，1956年又开始生产弹力纤维——氨纶。到20世纪60年代初，化学纤维同天然纤维一样被广泛地应用于服装材料。

随着纺织工业的发展和化学纤维的应用，通过大量实际穿着体验，人们逐渐认识到各种纤维材料的不足，例如，棉布服装和蚕丝服装穿着舒适但易起皱变形，涤纶类服装挺括易打理但穿着不够舒适，腈纶类服装鲜艳保暖但易起静电不耐磨等。基于以上问题，人们于20世纪60年代提出了“天然纤维合成化，合成纤维天然化”的设计构想并付诸实施，同时展开了对天然纤维和化学纤维的改性设计和研究，逐步取得了丰硕的成果，相继研发了如彩棉、丝光羊毛、蛹蛋白纤维、天丝、莫代尔、甲壳素纤维、牛奶纤维、大豆纤维、珍珠纤维、竹纤维、碳纤维等新型纤维和高性能纤维。

纺织服装的科研工作者通过各种先进的技术（如基因工程、化学工程、物理与化学方法相结合等）赋予了纤维新的外观与功能，主要表现为以下五个方面：

（1）通过改变纤维横截面形状而生产的异性纤维（三角、多角、中空等），以改善织物光泽、手感、透气、保暖等服用效果。

（2）差别化纤维的广泛应用与服装面料的设计生产，如针对部分化学纤维不易染色的问题研发了易染纤维、超细纤维、高收缩纤维等。

（3）利用接枝、共聚或复合时增加添加剂的方法，设计生产性能优越的复合纤维，如阻燃纤维、抗静电纤维、抗菌纤维等。

（4）利用高科技手段研发高性能新纤维，如碳纤维、陶瓷纤维、甲壳素纤维等。

（5）对常规的天然纤维进行改进，如彩色棉、丝光羊毛、抗皱免烫真丝等。

与此同时，作为服装重要组成部分的辅料无论在品种、规格和档次方面也都有了长足的发展和进步。特别是20世纪80年代后期我国自主研制和引进了生产服装衬料、缝纫线、纽扣、拉链、花边、商标等的新型设备，组建了许多专门从事服装面料与辅料的设计生产企业，在我国华东和华南地区逐步建立了较稳定的服装材料产业集群和工业体系，为自主创立服装品牌和提升服装设计水平做出了突出的贡献。

二、服装材料的现状与流行

20 世纪 90 年代至今，服装材料已成为服装流行的重要因素之一。每当一种新材料研制成功后，随之带动了印染、后整理、服装设计与生产等诸多领域的发展。近年来，服装材料的流行有以下特点：

1. 回归自然，非常重视低碳环保

由于工业化生产和工业社会带来的负面影响逐渐显现，特别是人类对自然环境的过度掠夺和破坏，使得人类赖以生存的生活环境已十分脆弱，极端恶劣和灾害的天气频发，反过来影响了人类的正常生活。因此，人们开始强调不破坏环境的服装材料加工技术，注重环境和人类的共同可持续发展，崇尚自然、低碳的生活方式，天然和绿色纤维（如生态棉、天丝、莫代尔等）材料备受人们的喜爱。

2. 追求舒适柔软、轻薄并富有弹性

由于社会经济的快速发展和人们生活水平的提高，人们开始转变生活态度，主动追求舒适、轻松的生活方式。面对全球性气候变暖和减轻压力的考虑，舒适（透湿、透气）、柔软（如棉纤维）、轻薄（如降低织物密度）和富有弹性（如针织材料或混纺一定比例的莱卡纤维）的服装材料很受欢迎。此外，快节奏的工作方式给人们带来太大的压力，易打理服装（可机洗、抗皱免烫、洗可穿、防污、防蛀、防霉等）也受到人们的普遍欢迎。

3. 服装材料的科技化、功能化和智能化

运用高科技的研发手段的服装材料可以大大地提高服装的附加值，使用新型后整理技术的服装材料得到广泛的应用和推广。例如戈尔特斯（Gore - Tex）膜具有透气、防水、防风功能，用于制作舒适性风雨衣；利用导电聚合物涂层在纤维布料上可以制造出能感应温度和力度的智能手套；用塑料光纤和传导纤维编织而成的“聪明 T 恤”可以监测心跳、体温、血压、呼吸等人体生理指标。

4. 新型的特殊结构和外观的服装材料造就流行

时尚与个性化始终是人们着装的普遍心理，追求时髦的市场需求也使得服装材料生产企业不断推出外观新颖独特的面料，如金属涂层织物、聚氨酯涂层织物、复合织物（如梭织物与针织物复合）和以新颖纱线为材料的衣料都十分流行。此外，受后现代艺术思潮的影响，带有此类艺术风格的图案纹样也被大量地通过衣片定位印花（如烂花印花、发泡印花、金银粉印花等）来完成，也受到人们的广泛关注。

5. 非织造织物的生产应用进一步深化

非织造织物可使纤维不经过传统的梭织或针织加工过程而直接成布，不仅有效提高了生产效率，还大大地减少了能耗；除了广泛应用于服装衬料外，还在服装面料领域独树一帜，如通过特殊的涂层设计和后整理技术即可获得别致的外观和手感，已被广泛地应用于

外穿类服装；与此同时也带动了一次性服装的设计与应用。

第二节　服装材料与服装

一、服装材料的构成

服装材料分别由服装面料和服装辅料构成，服装面料和服装辅料的组成分别如图1－1所示。

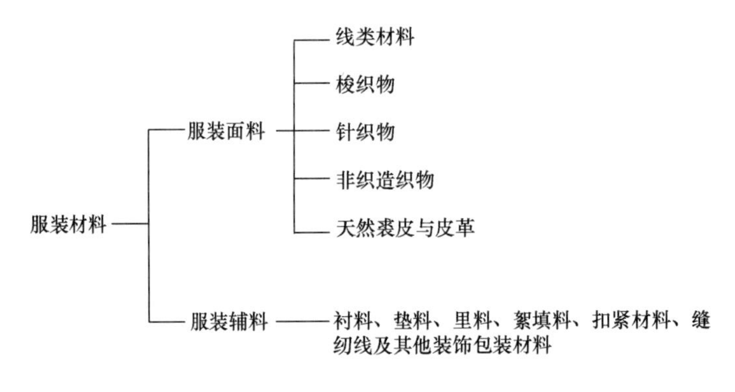

图1－1　服装材料的构成

二、服装材料的风格与服装造型

不同种类服装材料的外观特性和内在品质都存在较大的差异，这也为服装设计师更好地设计具有独特个性和风格的服装提供了非常好的物质基础和条件。服装对于人体的感官刺激起主要作用的是视觉与触觉，服装材料的风格是指人们通过视觉和触觉对其做出的综合评价，它还受人们的着装心理、文化习俗、美学欣赏、流行时尚等多方面的影响和制约。

服装是人类社会活动中的一种特殊类型的文化产物，是一门具有典型实用性的艺术。服装的设计生产与营销管理同时包括了物质与精神两个方面，二者共同构筑了服装的独特文化内涵。世界各地不同的文化背景与文化观念造就了各民族不同的生活方式和丰富多彩的服装文化，人们对服装的主观需求在广度和深度方面都发生了质的变化，并呈现不同的特征。人们普遍不再简单地追求服装所能够满足的基本生理需求，而是希望通过服装来表达个人的价值观、生活理念与品位，表明人们已经开始更多地关注服装文化层面、精神层面和心理上的需求。

服装设计与其他设计有所不同，它的视觉传达效果是直接基于其外观形态的表征，服装的款式美感、色彩美感、材料美感和缝制美感等共同构成了服装美感的外在表现力，这既是服装设计评价的重要标准，同时也是广大消费者选购服装的参照依据。

服装造型是指借助人体以外的空间，用面料特性和工艺手段，塑造一个以人体和面料共同构成的立体服装形象。从广义的角度看，服装造型设计包含了从服装外轮廓造型到服装内部款式造型的设计范畴。但是一般情况下，服装造型设计更加倾向于服装的外部设计，即服装的外部轮廓造型设计。服装的外部轮廓型亦称造型线，意思是轮廓、侧影，是服装被抽象化了的整体外形。当服装进入人的视野，首先是服装外部轮廓，然后才是服装局部造型。服装的款式造型是由轮廓线、零部件线、装饰线及结构线所构成的，其中以轮廓线为根本，它是服装造型之基础（图1－2～图1－4）。

图1－2 以服装外轮廓造型为主的服装设计效果图

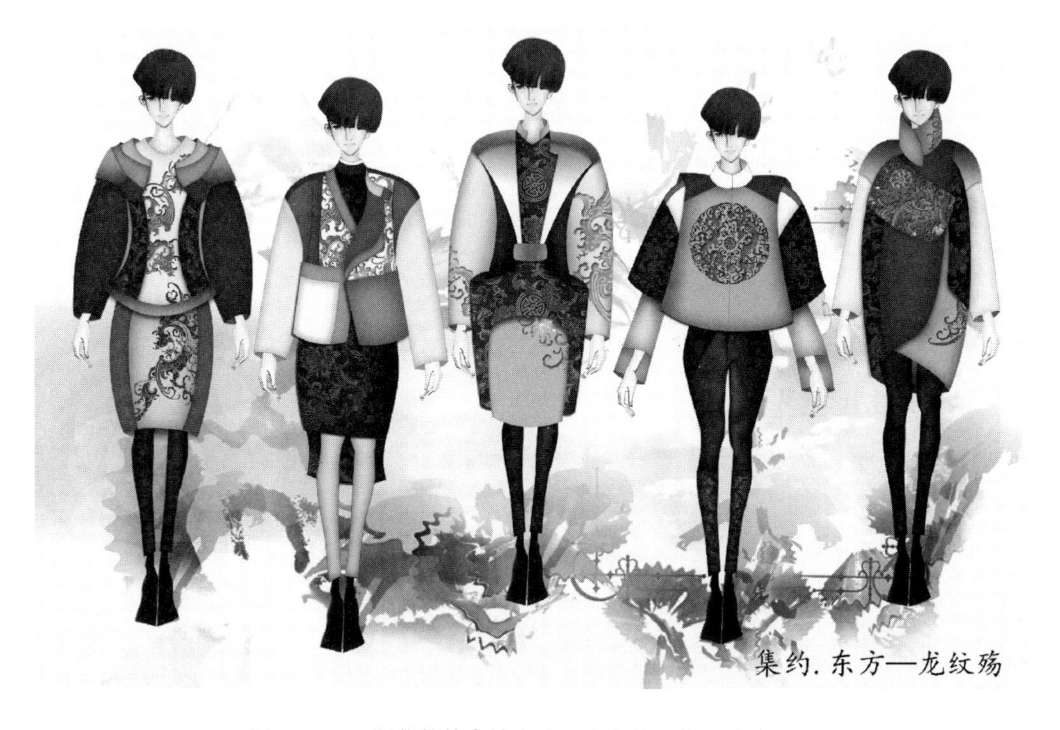

图1－3 以服装外轮廓填充造型为主的服装设计效果图

此外，立体造型辅助填充材料在服装立体造型中也起着重要的作用，不同的辅助填充材料有其各自的特点，我们应充分了解这些材料的特性并巧妙合理地应用于服装的立体造型，以产生强烈的视觉冲击和震撼效果（图1－5）。

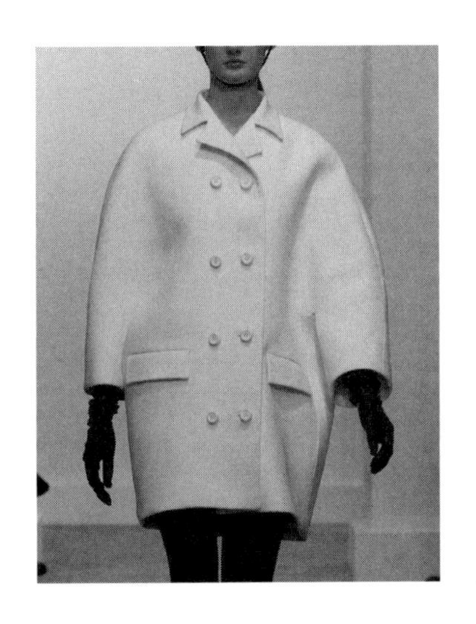

图1－4　以服装外轮廓造型为主

巴伦夏伽（2006年秋冬）作品

图1－5　外轮廓填充造型

（波丝登2013年秋冬设计）

随着科技的发展和人们对服装要求的多样化，可应用于服装的材料越来越多，作为服装行业的从业人员，应对服装材料有较全面的了解和认识，掌握各种服装材料的特性，更好地运用材料来实现服装造型的设计构想。服装造型的过程实质上是将设计意图物化表现的过程，是将服装材料有机地转化为服装成衣的完成和完美的过程，即通过服装面料和装饰材料的选配、加工、定型、外观处理等方法，使之成为服装款式造型的有机构成，因此面料和装饰物是服装造型的重要客观物质材料因素。

本章小结

服装是人们日常生活中不可缺少的重要组成部分，随着生活水平的提高和审美意识的提升，人们对服装提出了更高的品质与美观性要求。

众所周知，构成服装的三要素分别为服装款式造型、服装色彩和服装材料。除了服装材料外，以上服装款式造型与服装色彩这两个因素都可以直接或间接由所选用的服装材料来体现。服装的款式造型可以由服装材料本身的品质与风格特征来传达，如服装材料的轻薄/厚重、柔软/硬挺等都会对服装款式造型产生较明显的直接影响，服装色彩则是基本由服装材料的印染与后整理决定的。因此，了解和掌握服装材料的相关知识对于学习服装而言是非常基础和重要的。

思考题

1. 服装材料的主要构成是什么？
2. 什么是服装造型？服装材料对于服装造型而言有何意义？

第二章
服装面料

课题名称：服装面料构成

课题内容：本章阐述了服装面料的构成，主要包括线类材料、织物类材料和裘皮与皮革三部分，并对它们的基本概念、种类和基本特点进行了介绍。

课题时间：10 学时

训练目的：使学生对服装面料的构成有初步的了解，并掌握服装面料不同种类构成材料的基础理论知识及其性能特点等内容。

教学方式：课堂讲解与多媒体教学相结合，运用大量服装面料实物和典型图片进行授课讲解。

教学要求：教师理论教学与课堂讨论 10 学时，也可结合实际面料进行服装面料特性和适用性的对比分析。

学习重点：（1）学习服装面料的主要构成种类与基本特征，以便更好地掌握不同种类服装面料在服装设计中的性能与应用。

（2）以学习服装面料中的织物类材料为重点，根据它们不同的结构特点，掌握分析与识别织物类型与特征的基本能力。

第一节 线类材料

一、服用纤维概述

服用纤维是指又细又长，而且具有一定强度、韧性和可纺性能的线类材料。纤维是服装材料中使用最多的基本原料，服用纱线、织物、衬垫料和絮填料等均由纤维制成，纤维种类和含量的差异会直接导致面料具备各自不同的服用性能，进而影响服装的外观、内在品质、保养要求等诸多方面。因此，了解并掌握服用纤维材料的种类、性能、鉴别等都是学习服装材料最基础的部分，也是非常重要的认知环节。

（一）纤维的分类

一般情况下，按照服用纤维的来源将纤维分为天然纤维和化学纤维两大类，前者来源于自然界的天然物质，后者通过化学方法人工制造而成，服装纤维分类如图 2 - 1 所示。

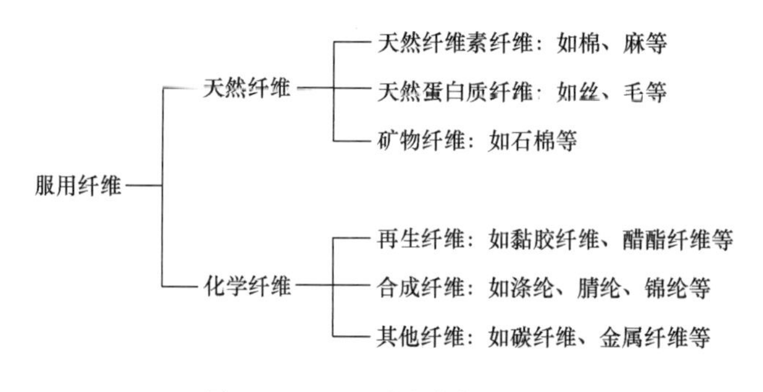

图 2 - 1 服用纤维分类及名称

（二）服用纤维材料的主要性能指标及其计量单位

1. *长度指标*

毫米（mm），厘米（cm），米（m），英寸（in），英尺（ft），码（yd）

1yd = 3ft，1ft = 12in，1in = 2.54cm，1yd = 0.9144m

2. *细度指标*

（1）线密度（tex）：1000 米长的纤维或纱线在公定回潮率时的重量克数。

（2）纤度（D）：9000 米长的纤维或纱线在公定回潮率时的重量克数。

（3）支数：包括公制支数（Nm）和英制支数（Ne）。

①公制支数：1 克重的纤维或纱线在公定回潮率时的长度米数。

②英制支数：1 磅重的纤维或纱线在公定回潮率时所对应码数的倍数。相应的对应码数分别为棉 840yd、麻 300yd、精梳毛纱 560yd、粗梳毛纱 256yd。

3. **强度及弹性指标**

（1）强力：纺织材料拉伸到断裂时所承受的最大拉伸力。

（2）强度：强力和材料截面积之比。

（3）断裂伸长率：纺织材料拉伸到断裂时伸长量对材料原有长度的百分率。

（4）弹性回复率：纺织材料拉伸变形而拉伸（未断裂），除去外力后，回缩量对原伸长量的百分比。

（三）纤维鉴别

1. **手感目测法**

（1）方法介绍：依靠人的感觉器官，根据各种纤维的外观形态、色泽、手感、伸长、强度等特征来加以识别。这种方法要求鉴别检验者具备较丰富的经验。

（2）不同纤维的外观特点：

棉纤维：短而细，手感柔软，光泽自然，易起皱，伸长较小。

麻纤维：粗硬呈束状，以淡黄色为主，手感硬爽，易起皱，伸长小。

毛纤维：较粗长有自然卷曲，呈乳白色，光泽柔和，手感滑糯，富有弹性。

丝纤维：细长而均匀，手感细腻柔软，具有特殊柔和的明亮光泽，易起皱。

黏胶纤维：手感柔滑，湿强低，在水中有明显的溶涨且手感变硬，易折皱。

涤纶纤维：手感硬挺，强力高，不易起皱变形，抗变形能力较强。

锦纶纤维：手感顺滑，有蜡光，强力较高，弹性较好。

腈纶纤维：手感蓬松，染色性好，有一定伸缩性，较轻盈保暖，易起毛、起球。

氨纶纤维：手感细滑，色彩鲜艳，弹性极好。

2. **燃烧法**

（1）方法介绍：根据各种纤维不同的燃烧特征来加以识别。检验时，仔细观察纤维近火焰时、在火焰中、离开火焰时燃烧性状，如烟的颜色、燃烧的速度及气味、燃烧后残渣形态的特征。这是一种比较简便常用的方法。

（2）不同纤维的燃烧特点（表2－1）：

表2－1　常见纤维的燃烧特点

纤维名称	接近火焰	在火焰中	离开火焰	燃烧时的气味	燃烧后的残渣形态
棉、麻、黏胶纤维	不熔不缩	迅速燃烧	继续燃烧	烧纸味	灰白色的粉末
羊毛、蚕丝	收缩	渐渐燃烧	不易延燃	烧毛发臭味	松脆黑灰
涤纶	收缩熔融	先熔后燃烧、有熔液滴下	能延燃	特殊芳香味	玻璃状黑褐色硬球
锦纶	收缩熔融	先熔后燃烧、有熔液滴下	能延燃	氨臭味	玻璃状黑褐色硬球
腈纶	收缩、微熔发焦	熔融燃烧、有发光小火花	继续燃烧	辣味	松脆黑色硬块
维纶	收缩熔融	燃烧	继续燃烧	特殊的甜味	松脆黑色硬块
丙纶	缓慢收缩	熔融燃烧	继续燃烧	轻微的沥青味	硬黄褐色球
氯纶	收缩	熔融燃烧、有大量黑烟	不能延燃	氯化氢臭味	松脆黑色硬块

3. **显微镜法**

（1）方法介绍：利用普通的生物显微镜，观察各种纤维的纵向形态和横截面形态来加以识别。该方法适用于植物纤维、动物纤维、矿物纤维和部分化学纤维，但是对某些化学纤维和异形纤维不易鉴别。这种方法也是一种比较简便常用的方法。

（2）不同纤维的微观形态特征见表 2－2。

表 2－2　常见纤维的微观形态特征

纤维名称	纵向形态特征	横截面形态特征
棉	扁平带状、有天然扭曲 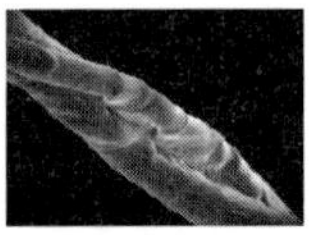	腰圆形、有中腔 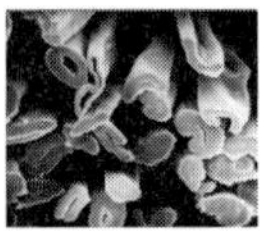
苎麻	有横节竖纹 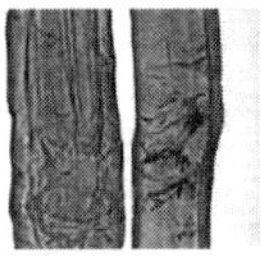	腰圆形、有中腔及裂缝 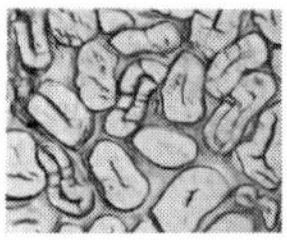
羊毛	天然卷曲、表面有鳞片 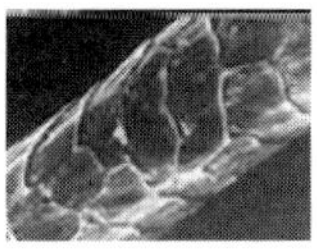	圆形或接近圆形 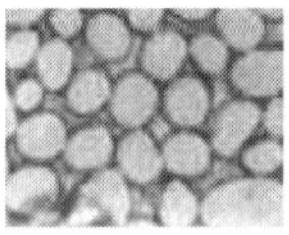
蚕丝	表面如树干状、粗细不均 	近似三角形或半椭圆形 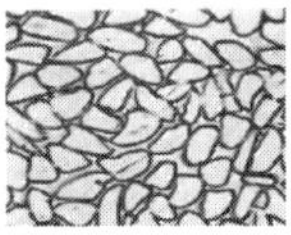
黏胶纤维	有细沟槽 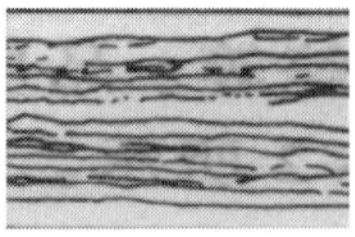	锯齿形、有皮芯结构 
醋酯纤维	有 1～2 根沟槽 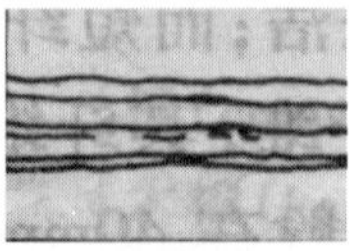	不规则的带状 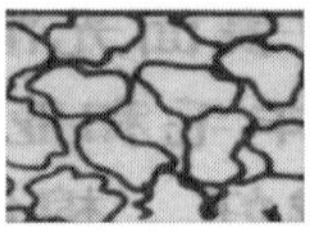
涤纶、锦纶、腈纶、氨纶、丙纶等	平滑 	圆形或接近圆形 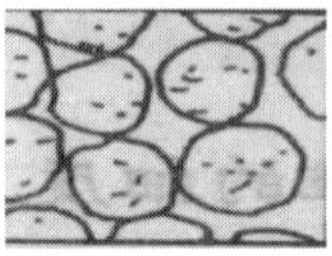

4. 其他方法

（1）溶解法：利用各种纤维在不同化学溶剂中的溶解性能的差异来有效的鉴别。这种方法不仅能定性地鉴别出纤维种类，还可以定量地测量出混纺产品的混合比例（表2－3）。

表2－3　常用纤维溶解性能

纤维种类	盐酸37% 24℃	硫酸75% 24℃	氢氧化钠 5%煮沸	甲酸85% 24℃	冰醋酸 24℃	间甲酚 24℃	二甲基甲酰氨 24℃	二甲苯 24℃
棉	I	S	I	I	I	I	I	I
麻	I	S	I	I	I	I	I	I
羊毛	I	I	S	I	I	I	I	I
蚕丝	S	S	S	I	I	I	I	I
黏胶纤维	S	S	I	I	I	I	I	I
醋酯纤维	S	S	P	S	S	S	S	I
涤纶	I	I	I	I	I	S（93℃）	I	I
锦纶	S	S	I	S	I	S	I	I
腈纶	I	SS	I	I	I	I	S（93℃）	I
维纶	S	S	I	S	I	S	I	I
丙纶	I	I	I	I	I	I	I	S
氯纶	I	I	I	I	I	I	S	I
氨纶	I	S	I	I	P	S	S（93℃）	I

注　S—溶解；SS—微溶；P—部分溶解；I—不溶解。

（2）着色剂法：利用着色剂对纺织纤维进行快速染色，根据所呈现的颜色定性鉴别纤维的种类。这种方法适用于未经染色和后整理的纤维、纱线和织物（表2－4）。

表2－4　常见纤维的着色反应

纤维种类	着色剂1号	着色剂4号	杜邦4号	日本纺检1号
纤维素纤维	蓝色	红青莲色	蓝灰色	蓝色
蛋白质纤维	总色	灰棕色	棕色	灰棕色
涤纶	黄色	红玉色	红玉色	灰色
锦纶	绿色	棕色	红棕色	咸菜绿色
腈纶	红色	蓝色	粉玉色	红莲色
醋酯纤维	橘色	绿色	橘色	橘色

注　1. 着色剂1号和着色剂4号是纺织纤维鉴别试验方法标准草案所推荐的两种着色剂。

2. 杜邦4号是美国杜邦公司的着色剂。

3. 日本纺检1号是日本纺织检验协会的纺检着色剂。

（3）熔点法：利用化纤熔点仪，根据合成纤维的不同熔融特性原理来鉴别纤维。这种方法不适用于不发生熔融的纤维素纤维和蛋白质纤维（表2－5）。

表 2-5 常见纤维的热学性能

纤维名称	温度（℃）			
	软化点	熔点	分解点	玻璃化温度
棉	—	—	150	—
羊毛	—	—	135	—
蚕丝	—	—	150	—
锦纶	180	210~224	—	47、65
涤纶	235~240	255~260	—	80、67、90
腈纶	190~240	不明显	280~300	90
维纶	干 220~230	225~239	—	85
丙纶	145~150	163~175	—	35
氯纶	90~100	202~204	—	82

二、纱线的分类及其特征

（一）纱线的含义

1. **纱**

纱指使许多短纤维或长丝排列成近似平行状态，并沿轴向旋转加捻组成具有一定强度和线密度的细长物体。

2. **线**

线指两根或两根以上的纱捻合在一起的细长物体。

（二）纱线的基本品种

1. **按纱线结构分**（图 2-2）

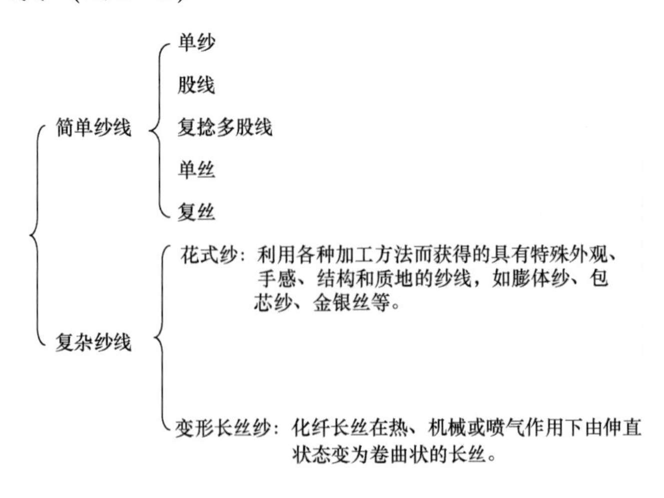

图 2-2 按纱线结构分的纱线种类

2. 按纱线粗细分

（1）特粗纱：指32tex及其以上（英制18英支及其以下）的纱线，此类纱线的织物表面粗厚。

（2）中特纱：指21～30tex（英制19～28英支以下）的纱线，此类纱线的织物表面厚薄适中。

（3）细特纱：指11～20tex（英制29～54英支）的纱线，此类纱线的织物表面细致、轻薄，较高档。

（4）特细特纱：指10tex及其以下（英制58英支及其以上）的纱线，此类纱线的织物表面精细、光滑，手感薄而细腻。

3. 按纱线用途分

（1）机织物用纱：分为经纱、纬纱。

（2）针织物用纱：视织物品种而定。

（3）缝纫用线：即缝纫线。

（三）纱线的捻度、捻向

1. 捻度

捻度指纱线沿轴向单位长度上的捻回数。

棉或棉型纱，单位用捻/10cm；英制，单位用捻/英寸。精纺毛纱、绢纺纱、化纤长丝，单位用捻/m。粗梳毛纱单位用捻/10cm或捻/m。

2. 捻向

捻向指纱线加捻的方向，分为S捻和Z捻。

（四）纱线的标示

标示的内容一般包括纱线的线密度、长丝根数、加捻的捻向及捻度、股线的组分数。

1. 单纱的标示

（1）短纤维纱：依次标示线密度、捻向和捻度，例如：50texZ660。

（2）长丝纱：分为无捻长丝纱和加捻长丝纱。

①无捻长丝纱：依次标示线密度、符号f、长丝根数和符号t0，例如：18dtexf1t0。

②加捻长丝纱：依次标示加捻前的线密度、符号f、长丝根数、捻向、捻度和最终线密度，例如：133dtexf40S1000、R136dtex。

2. 并绕纱的标示

（1）组分相同的并绕纱：依次标示单纱的标示、乘号“×”、单纱根数和符号t0，例如：60texS150×2t0。

（2）组分不同的并绕纱：依次标示单纱的标示（用“+”连接并加上括号）和符号t0，例如：（25texS420+60texZ80）t0。

3. 股线的标示

（1）组分相同的股线：依次标示单纱的标示、乘号“×”、单纱根数、合股捻向、合股捻度和最终线密度，例如：34texS600×2Z400、R69.3tex。若以支数为单位，则其合股支数表示为组成股线的单纱支数除以股线，例如60/2 Nm。若以旦数为单位，则其复合丝的旦数表示为组成股数乘以单丝的旦数，例如2×80旦。

（2）组分不同的股线：依次标示单纱的标示（用“+”连接并加上括号）、合股捻向、合股捻度和最终线密度，例如：（25texS420+60texZ80）S360、R89.2tex。若以支数为单位，则其合股支数表示为将单纱支数用斜线分开，例如21/22/23 Nm。

（五）编织用纱线与服装

随着人们崇尚休闲随意的生活方式及强调个性化着装理念的普及，各种类型的编织服装在设计、销售中的比例正逐年上升，它们也普遍受到了广大消费者的喜爱，随之而来的是编织用纱线的数量也大幅提高（图2-3、图2-4）。

图2-3 编织棉衫

图2-4 编织毛衫

编织服装用纱按照厚薄程度可分为较粗的绒线和较细的纱线，它们均是指用于机器或手工编织的纱线，纱线材料的纤维构成多为羊毛纤维、棉纤维、腈纶纤维、涤纶纤维等纯纺或混纺，通常为两股、三股和四股单纱捻合而成，偶尔也有单纱或其他多股纱。较细的针织用纱线通常选用精梳高支的纱线（如细特纱，纱线分类和标示同前），下面以编织绒线为例进行说明。

1. 绒线的分类

（1）按纱的粗细分：

①粗绒线：成品单纱在100tex（10公支）以下，一般为四股或三股的产品。

②细绒线：成品单纱在50tex（20公支）以上，一般为四股或三股的产品。

③编织绒线：也称开司米，一般指成品单纱在50tex（20公支）以上，单股或二合股

的产品。

（2）按纱的原料分：

①纯纺：如纯毛、纯棉、纯蚕丝等。

②混纺：如棉/麻、腈/毛、涤/腈等。

③纯化纤：如纯涤纶、纯锦纶、纯腈纶等。

（3）按纱的用途分：

①编结绒线：凡股数在两股以上，合股后在167tex以下（6公支以上）。

②开司米编织线：无论单股或双股，其股线在167tex以上（6公支以下）。

2. 绒线的品号

绒线常在包装上以品号表示其特征和规格，品号由四位数字组成：

（1）第一位数字：表示产品按纺纱系统而分的类别，如精梳绒线为0，粗梳绒线为1，精梳针织绒线为2，粗梳针织绒线为3。

（2）第二位数字：代表原料，如山羊绒及其混纺为0，国产羊毛为1，外国羊毛或同质羊毛为2，混纺为3，纯腈纶为8等。

（3）第三位数字和第四位数字：代表单纱支数。

例如：0236——表示精梳优质羊毛纺制的28tex（36公支）单纱。

868——表示纯腈纶147tex（6.8公支）单纱合股的粗绒线。

第二节 织物类材料

一、梭织物

梭织物指以经纬两系统的纱线在织机上按一定的规律相互交织而成的织物。其主要特点是布面有经向和纬向之分，当织物的经纬向原料、纱支和密度不同时，织物将呈现各向异性，不同的交织规律及后整理条件可形成不同的外观风格。

此类织物的优点是结构稳定，布面平整，悬垂时一般不出现松弛下垂现象，适合各种裁剪方法。梭织物适合于各种印染整理方法，织物花色品种繁多，被广泛应用于服装。

（一）梭织物的组织结构

织物组织是指梭织物内经纬纱线相互上下沉浮的结构。

1. 原组织（基本组织）

在组织循环中，完全经纱数等于完全纬纱数，组织点飞数为常数，一个系统的每根纱线只与另一个系统的纱线交织一次。

（1）平纹组织：平纹组织的特点是交织点和纱线屈曲多，布面平整。平纹组织是梭织物中的织物组织最简单的种类。它是由经、纬线一上一下相互交织而成的，其间经组织点数等于纬组织点数，所以该组织的正反面无明显的差别。平纹组织虽然简单，但它的交织点最多，因此布面比较平整、结实（图2－5、图2－6）。

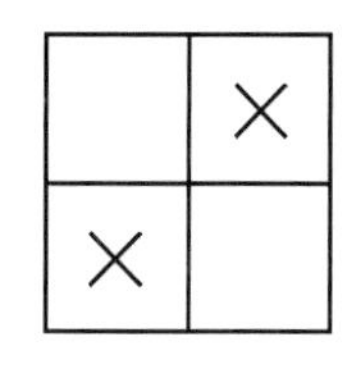

图2－5 平纹组织图

图2－6 平纹组织编织效果图

（2）斜纹组织：斜纹组织是由经浮点或纬浮点的浮长构成斜向织纹，织物较柔软、光泽较好。与平纹组织相比，斜纹组织的特点是浮线较长，经组织点或纬组织点连续组成的浮线循环构成了斜向纹路。

斜纹组织由于组织循环数较大，经浮长或纬浮长的表观特征明显，故斜纹织物的斜向明显且有正反面之分。斜纹组织的经、纬纱交织点比平纹组织少，因此在织物密度和经、纬纱纱支相同的情况下，斜纹织物的坚牢度不如平纹织物，但其手感比平纹织物柔软、光泽也较好（图2－7、图2－8）。

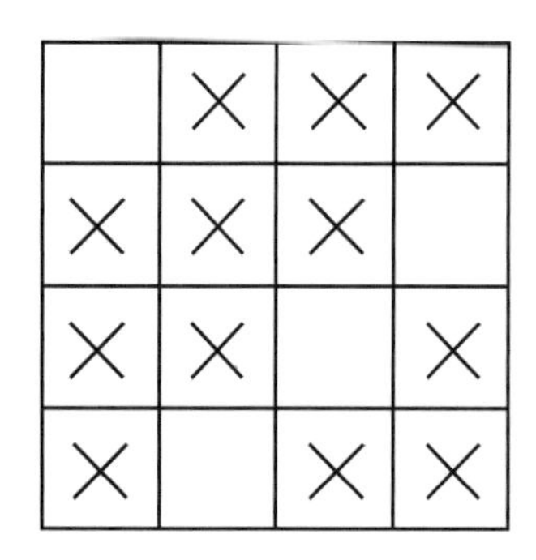

图2－7 3上1下经面斜纹组织图

图2－8 变化斜纹组织编织效果图

（3）缎纹组织：缎纹组织是经纱或纬纱在织物中形成一些单独的、互不相连的经组织点或纬组织点，织物柔软、平滑、光洁。

缎纹组织的特点是在一个组织循环里，经浮长或纬浮长成为构成该组织的主要部分，故该组织的经纬组织点分布较均匀，比例相对较少的组织点就几乎被浮长线所遮盖。所以，缎纹组织织物表面富有光泽，质地柔软。缎纹组织也有经面缎纹与纬面缎纹之分。织物表面以经浮长为主的称为经面缎纹，反之则是纬面缎纹（图2－9、图2－10）。

2. 变化组织

在原组织的基础上，变更原组织的某个条件（如纱线循环数、浮长、飞数等）而派生的各种组织。常见的变化组织有平纹变化组织、斜纹变化组织和缎纹变化组织。

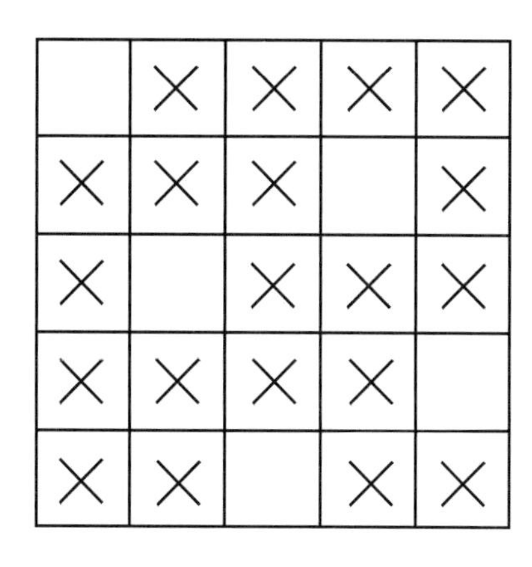
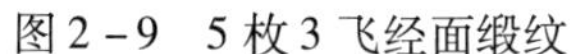

图2-9　5枚3飞经面缎纹

图2-10　缎纹编织效果图

3. 联合组织

两种或两种以上的组织（原组织或变化组织）用不同的方法联合而成的一种新组织。在织物表面可呈现几何图案或小花纹效应，主要有条格组织、绉组织、蜂巢组织、透孔组织、凸条组织、网目组织。

4. 复杂组织

复杂组织由一组经纱与两组纬纱或两组经纱与一组纬纱构成，或由两组及两组以上经纱与两组及两组以上纬纱构成，使织物表面致密，质地柔软或赋予织物一些特殊的性能等。复杂组织主要有：重组织、双层组织、起毛组织、毛巾组织和纱罗组织等。

（二）梭织物的量度

1. 幅宽

梭织物的幅宽通常以厘米（cm）为单位，在国际贸易中幅宽有时以英寸（in）为单位。随着服装工业的快速发展，服装生产设备条件的提升等，宽幅新型织机的需求量有很大程度的提高，随之所织的织物幅宽也有所增加。

2. 长度

梭织物的长度一般用匹长来量度，单位为米（m），在国际贸易中长度有时以码（yd）为单位。匹长主要根据织物的种类和用途而定，有时还要考虑织物的卷装容量、重量、厚度、运输、印染后整理和服装加工时排料铺布剪裁等因素。

3. 重量

梭织物的重量常以每平方米克重（g/m^2）计量，有时也可参考织物的体积重量（g/m^3）。织物的重量除了影响服装的服用性能，如手感、保温性和透气性等，还常常制约织物的适用性，如厚重型织物较适合做秋冬服装，轻薄型织物则多用于夏季服装。

4. 厚度

织物的厚度指在一定压力下织物的绝对厚度，通常以毫米（mm）为单位。它与织物的体积重量、蓬松度、刚柔性等有关，直接影响服装的风格、保温性、透气性、悬垂性等服用性能。

5. 密度

梭织物的密度包括经向密度和纬向密度，分别指沿织物经向和纬向的单位长度中纱线排列的根数，通常以根/10cm 为单位。织物密度对织物的外观风格和物理机械性能有较大影响，如织物密度较小时，织物手感较松软，有时表面会有清晰的孔眼，且透湿性和透气性较好。

二、针织物

针织物指用一根或一组纱线为原料，以纬编机或经编机加工形成线圈，再把线圈相互串套而成的织物。针织物可以先织成坯布，经裁剪、缝制而成各种针织品，也可以直接织成全成形或部分成形产品。

针织物的生产效率高，质地松软，有较大的延伸性和弹性，以及良好的抗皱性和透气性。不足之处是容易钩丝，尺寸稳定性较差。

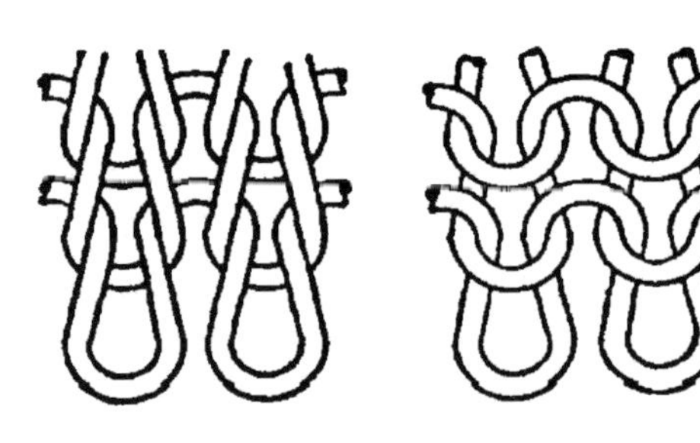

图 2－11　纬平针组织

（一）针织物的组织结构

1. 纬编

在纬编形成的织物中，每根纱线在一个线圈横列中形成线圈，一根纱线形成的线圈沿着针织物纬向配置（图 2－11～图 2－13）。

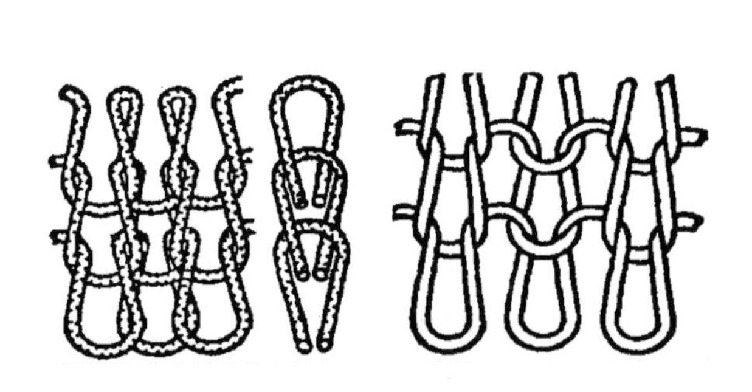

图 2－12　罗纹组织

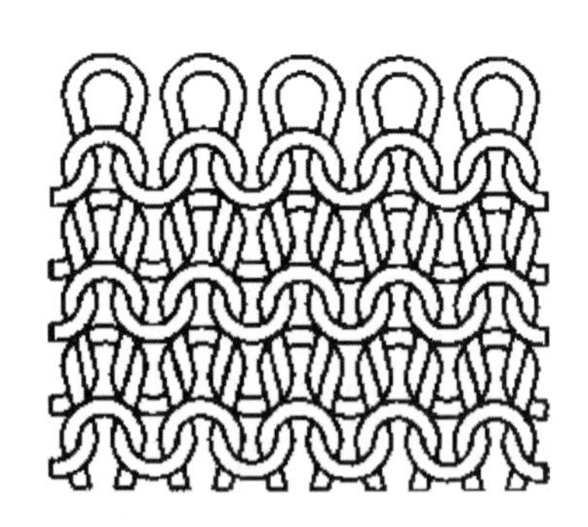

图 2－13　双反面组织

2. 经编

在经编形成的织物中，每根经纱在每一线圈横列中只形成一个或两个线圈，然后按一定规律转移到下一线圈横列再形成线圈，一根纱线形成的线圈沿着针织物经向配置（图 2－14、图 2－15）。

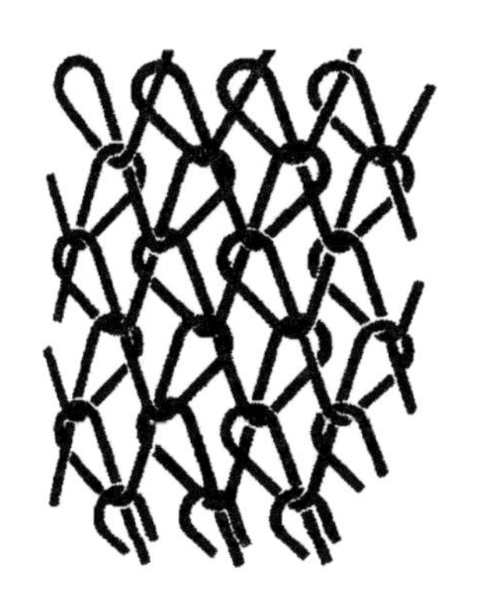

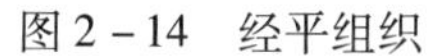

图2－14 经平组织

图2－15 经绒组织编织效果图

（二）针织物的量度

1. 幅宽

针织物的幅宽通常以厘米（cm）为单位，经编针织物的幅宽主要由产品品种和组织结构而定，纬编针织物的幅宽主要与针织机规格、纱线、组织结构等有关，一般比经编针织物幅宽小。

2. 长度

针织物的匹长通常与原料、织物品种和染整工序要求相关，它有两种长度表达方式。一种是定重方式，即织成每匹重量一定的坯布；另一种是定长方式，每匹长度一定。

3. 重量

针织物也可以根据其厚薄程度与用途，分档规定每平方米干重的范围，如汗布100～136 g/m^2，经编外衣布为150～260 g/m^2。

4. 密度

针织物密度是指单位长度（5cm）内或单位面积内的线圈数，常用横向密度、纵向密度和总密度表示，其中总密度等于横向密度与纵向密度的乘积。针织物的密度对针织物的物理机械性能影响较明显，如密度较大的针织物较厚实，尺寸稳定性、保暖性、强度、耐磨性、抗起毛起球性和抗钩丝性等方面较好，但其透气性较差。

三、非织造织物

非织造织物指以纺织纤维为原料，经过黏合、熔合、针刺、缝编等方法加工而成的纺织品。其主要特点是一般不经传统的纺纱、机织或针织的工艺过程，由纤维层或纱线层构成的纺织品。它可以是经梳理的纤维网或直接构成的纤维网，其中纤维相互呈杂乱状态或是定向铺置，在经机械或化学方法的加固而形成的纺织品。

此类织物产量高，成本低，适用范围非常广泛。但它在悬垂性、弹性、质感等方面仍不及传统的纺织品，故其使用范围也受到了一定的限制。

（一）非织造织物的工艺结构

1. 黏合

用黏合剂加固的方法，这种结构在非织造织物中占有相当大的比例，根据黏合剂类型和加工方法，可分为点黏合、片膜状黏合、团块黏合以及局部黏合等结构。这种非织造织物具有较好的物理机械性能。

2. 熔合

由热捻合作用加固，可采用双组分纤维极易得到点黏合结构，其中纤维的黏合只发生在纤网受到热与压力作用的那些区域。在该黏合区内热熔纤维熔融时被压成扁平状，这些局部黏合区域可以形成点状、线状或各种几何图案（如方格、菱形等）。这种非织造织物具有较好的弹性与蓬松度。

3. 针刺

采用机械加固方法，通过纤维之间的相互缠结而达到加固，纤维大多以纤维束的形态进行缠结。这种非织造织物具有较好的结构稳定性能。

4. 缝编

在外观和特性上接近传统的梭织物和针织物，又可分为纱线层——缝编纱型缝编结构、纱线层——毛圈型缝编结构。它广泛用于服装面料和人造毛皮、衬绒等。

（二）非织造织物的量度

通常对于非织造织物而言，其量度参数主要包括幅宽、长度、重量、厚度等，如宽度国内一般用厘米（cm）或米（m），国外一般用英寸（in），重量用克/平方米（g/m^2），其他具体评价方法参见梭织物的量度，这里不再重复。

四、织物的识别

（一）织物正反面的识别

服装用织物因其原材料中纤维、纱线、织物组织和后整理方法的差异而直接导致织物表面外观特征的不同。因此，在服装面料的使用过程中，除了考虑织物正面与设计师所设计服装的风格特点相吻合外，还可以从以下方面进行正反面的识别。

（1）一般织物正面较平整细致，疵点较少，织物正面的花纹、色泽均比反面清晰美观。

（2）凸条及凹凸类织物，正面有紧密且凸出的条状或图案，立体感强。而反面较粗糙，有较长的浮长线。

（3）起绒起毛类织物，单面绒（毛）组织的正面有绒毛或毛圈；对于双面起绒织物，则绒毛整齐光洁的一面为正面。

（4）毛巾类织物，以毛圈密度大的一面为正面。

（5）印花类织物以花型清晰、色泽较鲜艳的一面为正面。

（6）双层、多层及多重织物，如正反面的经纬密度不同时，则其正面密度较大且正面的原料也较好。

（7）纱罗织物以纹路清晰、绞经突出的一面为正面。

（8）织物布边光洁整齐，以针眼突出的一面为织物正面；如果织物布边上织有文字，正面的文字正写并清晰光洁，反面的文字模糊。

（9）一般情况下，整匹织物表面凡盖有出厂检验章的一般为正面。

（二）织物经纬向的识别

除了织物的正反面外，织物的经纬向选择对服装的排板裁剪、款式造型等都具有非常重要的作用。一般情况下，由于经纱密度较纬纱密度大的缘故，造成经纱方向的强力较大，故织物经向较纬向挺直，排料裁剪时的纹理线大都会沿织物经向处理。此外，如果服装或某些部位有特殊造型要求时也可采取斜裁或横裁的方式。由此可见，正确判断织物的经纬向十分重要，可以从以下方面进行判断。

（1）与织物布边平行的匹长方向为经向，与织物布边垂直的幅宽方向为纬向。

（2）如果某方向纱线上有浆料，则该方向的纱线为经纱。

（3）一般情况下，织物中密度大的方向纱线为经纱。

（4）筘痕明显的织物，其筘痕方向为织物经向。

（5）半线织物（一个方向为股线、一个方向为单纱）中一般以股线为经纱，单纱为纬纱；此外，捻度较大的为经纱，捻度较小的为纬纱。

（6）毛巾织物中起毛圈的方向必为经纱。

（7）纱罗织物中起绞经的方向为经向。

（8）织物中，经纬纱两种的品质，纱特数不同时，通常纱特细，品质好的为经纱。

（9）含有不同纱线的织物，其中以花式纱、膨体纱、装饰纱线等的方向一般为纬向。

第三节 裘皮与皮革

裘皮是冬季防寒的理想服装材料。天然裘皮的皮板几乎密不透风，毛绒间的静止空气可保存热量并使之不易流失，防风保暖性极佳。天然裘皮在外观上保留了动物的美丽自然花纹，此外还可通过染色、镶拼、挖补等工艺形成绚丽多彩的花色效果。

天然皮革经鞣制、染色可形成不同的外观风格，光面革和绒面革柔软丰满、粒面细致。切割成条块的皮革还可编结或镶拼组合，有效地提高其外观及空间效果。

在关爱动物的生态环保背景下，天然裘皮与皮革服装已属于较奢侈高档服装，远远不能满足服装消费者的需求，具有近似外观和保暖效果的人造裘皮和皮革就应育而生。它不仅简化了裘皮和皮革服装的制作工艺，扩大了花色品种，且其价格较低也易于保管，逐渐受到广大消费者的喜爱。

一、天然裘皮与皮革

（一）天然裘皮结构与特点

带毛动物的外表层称为毛皮，它不仅对动物肌体起到保护作用，对身体汗液排放和热平衡交换起重要的调节作用，还可对外界的各种刺激起知觉作用。动物毛皮经过加工处理后可作为服装材料，通常这种毛皮被称为“裘皮”。

动物的毛皮成分主要是蛋白质、脂肪、无机物、碳水化合物和水分等。尽管毛皮种类繁多，但毛皮的基本组织结构和化学成分是相似的，毛皮是由毛被和皮板两部分组成。

毛被由粗毛、针毛和绒毛三种毛纤维按一定比例成束、成组排列而成。其中粗毛是毛被中最粗、最长、最直的毛，粗毛弹性较好，在动物体上起着传导感觉和定向的作用。针毛比绒毛长，颜色感强且富有光泽，针毛起着防湿和保护绒毛、使绒毛不易黏结的作用。绒毛的上下粗细基本相同，是毛被中最短、最细、最柔软、数量最多的毛，通常带有不同类型的弯曲，如直形、卷曲形、螺旋形等。在毛被中，绒毛形成了一个空气不易流通的保温层。

皮板的结构主要分为表皮层、真皮层和皮下层。除这三层以外，还有附属于皮板的其他组织，如毛干、毛囊、毛肌、脂腺、汗腺等。表皮层位于皮板的表面，真皮层之上。表皮层中的角质层对外界物理和化学作用具有一定的抵抗能力，表皮层尽管很薄，却起着很重要的作用，表皮层遭破坏，细菌就会导致生皮的腐烂变质，由此制成的皮制品质量低劣。真皮层是原料皮的基本组成部分，其厚度和重量占皮板的90%以上。真皮层可细分为乳头层和网状层，其中乳头层中有毛根、毛囊、立毛肌等，网状层由胶原细胞纤维组成，比乳头层纤维束粗壮，且编织紧密复杂。因此，网状层的厚度关系到皮板的强度大小。皮下层的主要成分是脂肪，非常松软，在制革工序中要将其去除，以保证动物裘皮的洁净挺括。

对于动物而言，其毛皮上不同部位的毛被构造会有所不同。大多动物毛皮发育最好的是最耐寒的背和两侧的毛被，这些部位的针毛和短绒都颇为发达。而在不易耐寒的腹部，毛绒短而稀。相比陆地动物，生存在水中的毛皮动物，它们全身的毛绒发育是平均的。

裘皮服装的原料是动物皮毛，是直接从动物身上剥下来的，被称为生皮。因为生皮上有动物残留的血渍、油污及多种蛋白质，而为了最终获得柔软、防水、不易腐烂、无异味的服用毛皮，必须对生皮进行浸水、洗涤、去肉、毛被脱脂及浸酸软化等工序处理，然后再对毛皮进行鞣制加工，最后还要进行染色整理，才能获得理想的裘皮材料。

（二）常见裘皮品种

裘皮的分类方法有很多种。如按加工方式，可分为鞣制类、染整类、剪绒类、毛革类；按外观特征，可以分为厚型、中厚型及薄型，其中厚型裘皮以狐皮为代表，中厚型裘皮以貂皮为代表，薄型裘皮以波斯羊羔皮为代表。在众多裘皮品种中，貂皮和狐皮一直最为流行。

目前较为常用的是按原料皮的毛质和皮质来划分，可分为以下四种类型。

1. **小毛细皮类**

小毛细皮类主要包括紫貂皮、栗鼠皮、水貂皮、水獭皮、海龙皮、扫雪貂皮、黄鼬皮、艾虎皮、灰鼠皮、银鼠皮、麝鼠皮、海狸皮、猸子皮等。毛被细短，柔软。适于制作帽子、大衣等。

2. **大毛细皮类**

大毛细皮类主要包括狐皮、貉子皮、猞猁皮、獾皮、狸子皮等。张幅较大，常被用来制作帽子、大衣、斗篷等（图2－16、图2－17）。

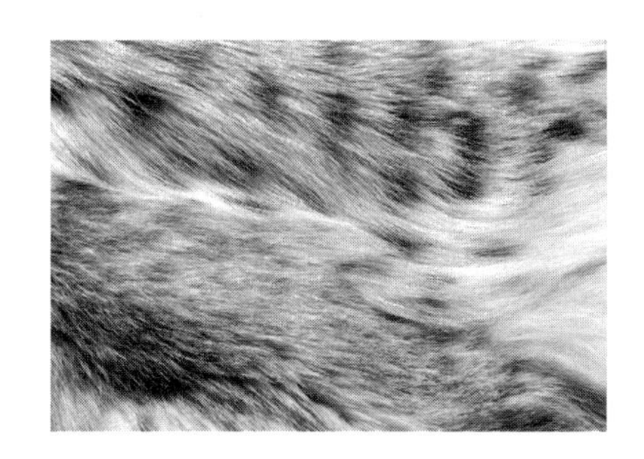

图2－16 貂皮

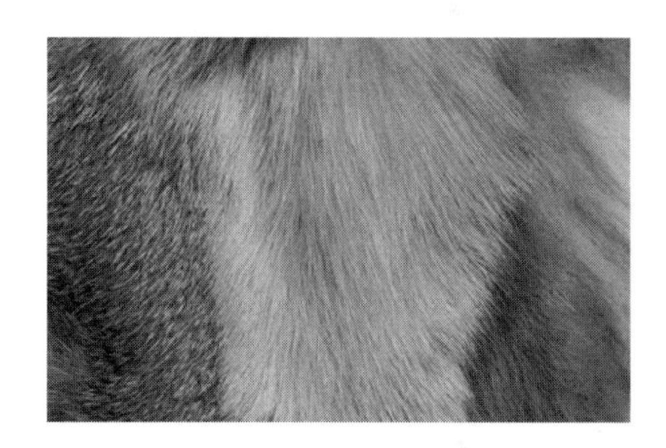

图2－17 狐皮

3. **粗毛皮类**

常用的有羊皮、狗皮、狼皮、豹皮、旱獭皮等。毛长并张幅稍大，可用于制作帽子、大衣、背心、衣里等（图2－18、图2－19）。

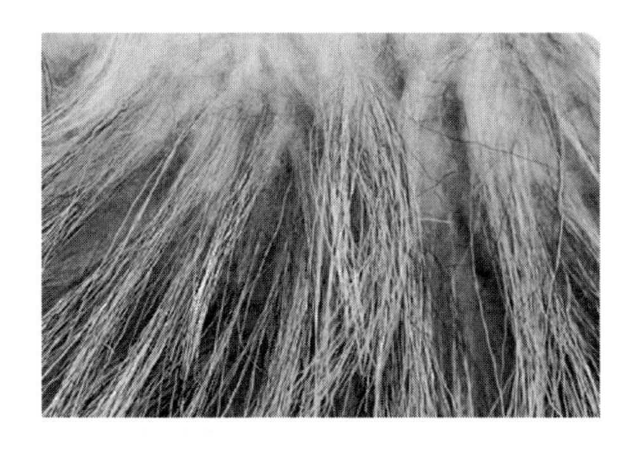

图2－18 山羊皮

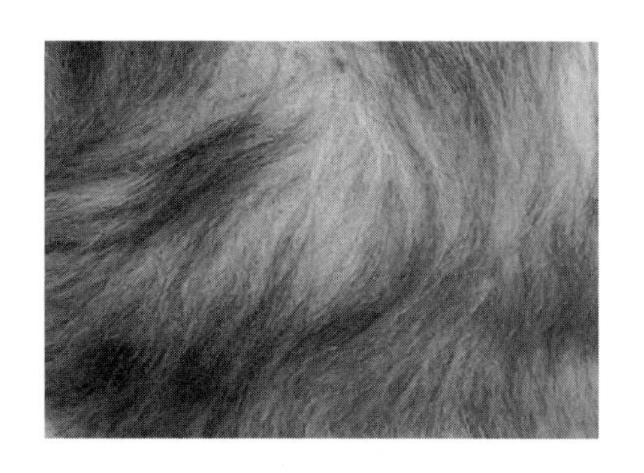

图2－19 狗皮

4. **杂毛皮类**

杂毛皮类包括猫皮、兔皮等。适合制作服装配饰，价格较低（图2－20）。

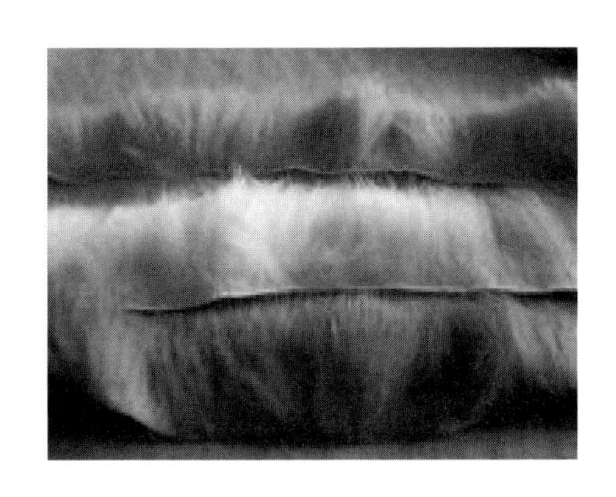

图2-20 染色兔毛皮

（三）天然皮革的特点

动物毛皮除去掉毛被部分以后，即成为生皮。专门用于服装制革的生皮必须满足一定的皮层结构、厚度、张幅大小等要求，如用于皮革服装的毛皮皮张面积要求较大，多数是家畜的皮张，与裘皮服装相比价格也较低廉。生皮经过一系列物理、化学和机械加工处理而成的皮革，被称为天然皮革。在制革生产中，皮板的上层为表皮层，不能鞣制成革；中层是由纤维组成的真皮层，包括胶原纤维（99%）、弹性纤维、网络纤维等，属于制革材料；下层由少量纤维和脂肪组成，即皮下层，皮下层对制革无用，且阻碍水分蒸发和渗透，一般都会被去除干净。

皮革经鞣制、染色可形成不同的外观风格，服装革通常可分为光面革和绒面革。光面革的表面保持原皮天然的粒纹，从粒纹可分辨出原皮的种类，服装用光面革厚度通常为0.6~1.2mm，光面革坚韧透气，耐磨高档。绒面革是革面经过磨绒处理的皮革，它的绒面细腻透气，柔韧舒适，绒面革的厚度一般为0.5~1mm。此外，服装设计中还可以将皮革的条块进行编结、镂空和镶拼组合，可有效地提高皮革独特的外观视觉效果。

天然皮革的优点是遇水不易变形，干燥不易收缩，耐化学药剂，耐老化等。天然皮革的不足之处是其大小厚度不均匀一致，性能较不稳定，给加工和保养带来一定的难度。

（四）常见天然皮革品种

天然皮革按张幅和重量可分为轻革及重革，轻革主要用于制作服装、手套、鞋面等，重革用于制作鞋底。天然皮革按原料皮的来源分类详见表2-6。

表2-6 服装用皮革分类

类　别	动物种类
兽皮革	牛、羊、猪、马、鹿、麂
海兽皮革	海猪
鱼皮革	鲨、鲸、海豚
爬虫皮革	蛇、鳄鱼

1. 牛皮革

目前，用于服装上的牛皮革主要有黄牛革和水牛革两种，其中黄牛革是主要的原料。黄牛革粒面上毛孔呈圆形，紧密且均匀地分布在革面上，革质丰满，粒面较光滑而细致，花纹如繁星布满天空般布满革面。牛皮革耐磨耐折，吸湿透气性较好，特别是粒面磨光后亮度较高，其绒面革绒面细密，是优良的服装材料（图2－21）。

2. **羊皮革**

羊皮革一般分为绵羊革和山羊革。其中绵羊革非常柔软，粒面细致光滑，延伸性较大，但不坚固，多作为服装和手套用革。山羊革比绵羊革饱满，毛孔清楚，革质有弹性，坚实耐用，不仅可以用于制作服装、手套，还可作为鞋面。羊皮革的革面特征是粒面毛孔扁圆，几根毛孔成一组呈鳞片状排列，花纹如“水波纹”状。羊皮革手感滑润，延伸性和弹性较好，但强度不如牛皮革和猪皮革，在服装方面的应用很广（图2－22）。

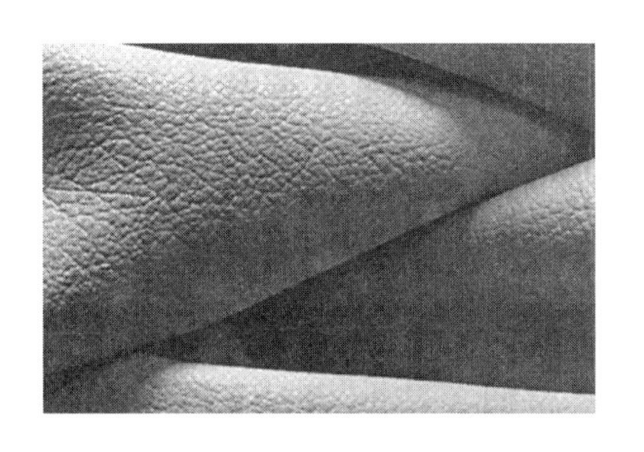

图2－21　牛皮革

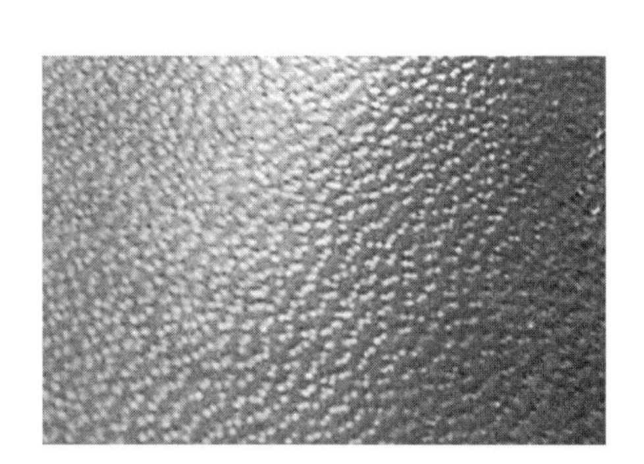

图2－22　羊皮革

3. **猪皮革**

猪皮革粒面毛孔圆而粗大，毛孔排列明显地呈现三根一组，粒面层深厚且凹凸不平，有特殊的花纹。猪皮革风格独特，具有优良的耐折性和耐磨性，其透气性优于牛皮革，是加工服装（特别是鞋）的良好材料。猪皮革的不足之处是皮质粗糙，弹性较差，因此猪皮革的服装不如牛皮革、羊皮革的外观漂亮，但价格较低（图2－23）。

图2－23　猪皮革

4. **驴、马皮革**

驴、马皮革具有相似的特点，皮面较光滑细致，毛孔稍大呈椭圆形，形成波浪形或山脉状排列。驴、马皮革的前身皮较薄，结构松弛，手感柔软，吸湿透气性好，较适用于服装用料；而其后身皮（如臀部部位的皮）结构紧密，坚实耐磨，透气性和透湿性较差，一般适用于鞋料。

5. **麂皮革**

麂是生长在我国南方各省的一种野生动物，以广西、贵州等省产量最多，质量最好。麂皮的毛孔粗大稠密，皮面粗糙，斑疤较多，其正面革不适用于服装；但是其反面绒革质量上乘，不仅皮质厚实、坚韧耐磨，而且绒面细密、柔软光洁，其透气性和吸水性均好，是生产绒面革的优质原料，广泛用于制作夹克衫、手套、皮鞋等。

6. 蛇皮革

蛇皮革的表面花纹特征鲜明，易于辨识，如脊色较深，腹色较浅等。成品革粒面细密轻薄，柔软耐拉折，弹性较好，经常用于服装的镶拼以及手袋、箱包等。

二、人造毛皮与皮革

（一）人造毛皮的品种及特性

随着现代纺织技术的进步和生态环保理念的普及，人造毛皮逐渐为消费者熟知并接受。人造毛皮是指用人工纺织技术加工的，外观类似动物毛皮的纺织产品。人造毛皮的主要优势体现在其外观奢华美丽，手感柔软丰满，价廉质轻保暖，抗菌防虫易保养等。特别是可以简化服装制作工艺，增加花色品种，且在服用性能上与天然毛皮接近，是极好的裘皮代用品。但人造毛皮也有其不足之处，如防风性较差，掉毛率较高等。

根据纺织生产方法的不同，通常可将人造毛皮分为以下三种。

1. 机织人造毛皮

机织人造毛皮的底布一般采用毛纱或棉纱作为经纬纱，毛绒采用羊毛或腈纶、氯纶、黏胶纤维等纤维纺的低捻纱，在双层组织的经起毛织机（长毛绒织机）上织造而成的。

机织人造毛皮可用花色毛经配色织出仿裘皮的花色外观，也可以采取印花工艺在毛绒面印出仿真的效果。机织人造毛皮的绒毛固着较牢固，但其加工生产的流程较长，新品种更新较慢。普通机织人造毛皮的平方米重量为340～600g/m^2，仿制珍贵裘皮的人造毛皮平方米重量为640～800g/m^2，它属于高档人造毛皮织物，适宜制作各式冬季大衣、帽子及衣领等。

2. 针织人造毛皮

针织人造毛皮是在针织毛皮机上采用长毛绒组织织成，通常选用腈纶、氯纶或黏胶纤维为毛纱，选用涤纶、锦纶或棉纱为地纱，在纬平针组织的基础上形成的（图2－24）。

按针织人造毛皮的编织工艺可分为纬编人造毛皮和经编人造毛皮两类，其中纬编人造毛皮发展最快，应用最广。作为服装材料的纬编人造毛皮常用品种有素色平剪绒、提花平剪绒和仿裘皮绒三种：素色平剪绒的毛面平整，重量为400～550g/m^2，主要用于冬服衬里、女装和童装的面料；提花平剪绒毛面平整、手感柔软、配色协调、外观美丽，主要用于服装面料；仿裘皮绒具有层次分明的粗毛和绒毛，色泽和谐而高雅，手感柔软，仿天然裘皮逼真，主要作为女装面料。经编人造毛皮系双针床拉舍尔经编织物，毛丛松散，绒面平整光洁、细柔，绒毛固结牢度好，幅宽稳定，织

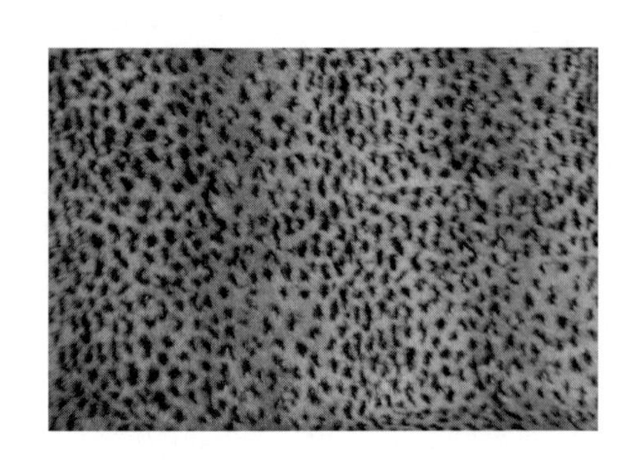

图2－24　针织人造毛皮

物较厚实。

此外，缝编法人造毛皮是非织造布技术中的毛圈缝编组织，一般用纤维网、纱线层或地布作为基组织，经缝编制得。由浮起的缝编线延展线形成毛圈，然后经拉绒或割圈等后整理形成毛绒。缝编绒的毛高为8~25mm，重量为450~550 g/m^2，有较好的尺寸稳定性和保暖性，且价格较便宜，适宜制作冬季男女服装的衬里。

3. 人造卷毛皮

人造卷毛皮是使毛被成卷仿绵羊羔皮的外观。一般卷毛皮选用黏胶纤维、腈纶等纤维为原料，经过切割、夹持、加捻、卷烫、加热、滚压等加工工艺，再经适当修饰后，就成为人造卷毛皮（图2-25）。

图2-25 人造卷毛皮

人造卷毛皮的表面形成类似天然的花绺花弯，轻便柔软的独特风格，既可以用作毛皮服装面料，也可以用作冬装的里料。

因为人造卷毛皮以宽幅为主，毛绒整齐且毛色均匀，有较好的光泽和弹性，且它们的重量比天然裘皮轻很多，在保暖性和排湿透气性能方面与天然裘皮接近，加上可水洗、易保养等优势，所以在现代服装设计中的应用比较广泛。

（二）人造皮革的品种及特性

人造皮革由于与天然皮革的外观十分类似，且造价低廉，现已广泛应用于服装中。人造皮革的主要特点是质地柔软，价廉美观，防风性好，颜色牢度好等。如果加以特殊的涂层设计，还可具有较好的防水性，加上人造皮革防蛀、免烫、尺寸稳定，比较适合制作春秋季外套、休闲衫等服装及装饰用品，也可用于制作鞋、手套、帽子等。常见的人造皮革有人造革和合成革两类。

1. 人造革

人造革是在机织底布、针织底布或非织造布上面涂塑聚氯乙烯树脂（PVC），经轧光等工序整理后制成的一种仿皮革面料。根据塑料层的结构，可以分为普通革和泡沫人造革两种。后者是在普通革的基础上，将发泡剂作为配合剂，使聚氯乙烯树脂层中形成许多连续的、互不相同、细小均匀的气泡结构，从而使人造革手感柔软，弹性与真皮的弹性接近。

彩色人造革是在配制树脂糊时加入颜料，再加入配制好的胶料充分搅拌，将这种有色胶料涂刮到基布上就形成了色泽均匀的人造革。为了使人造革的表面具有类似天然皮革的外观，在革的表面往往轧上类似皮纹的花纹，称为压花，如压出仿羊皮、仿牛皮等花纹。

由于人造革的幅宽由基布所决定，因而比天然皮革张幅大，且厚度均匀，色泽纯而匀，便于裁剪缝制，制成品的质量容易得到控制。但是相比天然皮革而言，人造革的透气性能、透湿性能及耐磨性能较差，所以制成的服装舒适性能较差，特别是在多次摩擦或长时间使用后，人造革表面的塑料涂层会剥落，露出底布，从而破坏仿皮革效果。

2. 合成革

用聚氨酯树脂（PU）涂敷在机织底布、针织底布或非织造布上，制成类似皮革的制品称为合成革。与人造革相比，合成革的外观更接近天然皮革，且具有一定的透气性能，在吸湿性与通透性方面较人造革都有所改善，且可染成各种色彩，通过特殊的工艺处理，能够制成外观、手感都非常接近山羊革的合成革，因此在服装设计中应用广泛。合成革的主要特点如下：

（1）强度和耐磨性高于人造革。

（2）生理舒适性能优良。由于其表面涂层具有开孔结构，所以涂层薄而有弹性，柔软滑润，可以防水，透气性能也较好。

（3）表面光滑紧密，可以着多种颜色和进行压花等表面处理，品种多，仿真皮效果好。

（4）柔韧耐磨，外观和性能都接近天然皮革，易洗涤去污，易缝制，适用性广。

3. 人造麂皮

图2-26 人造麂皮

人造麂皮又称为仿麂皮。要求服装用的人造麂皮既有天然麂皮般细密均匀的绒面外观，又有柔软、透气、耐用的性能。人造麂皮可用聚氨酯合成革进行表面磨毛处理制成，其底布采用化纤中的超细纤维非织造布（图2-26）。

此外，人造麂皮还可以通过在织物上植绒制成。植绒就是将切短的天然或合成纤维固结在涂了黏合剂的底布上。植于表面的细绒主要是棉纤维、人造纤维、锦纶等纤维原料，绒屑的平均长度在0.35~5mm，颜色不定，可以是本色的，也可以是经染色加工的。绒屑有等长的，也有不等长的，一般采用较细、较短的绒屑制成服用仿麂皮织物。

本章小结

服装面料是用于服装表面的主体材料，它对服装造型的视觉效果起着决定性作用；因此，学习并掌握不同服装面料的种类、特点与用途是非常重要的。

根据不同种类服装材料的表面性状特征，服装面料主要分为线类材料、织物类材料和裘皮与皮革。本章先从服装用纤维材料入手，介绍了不同纤维的性能特点与鉴别方式，在此基础上介绍了纱线材料的基本用法与识别。在服装面料中织物类材料占据了相当大的比例，其中的梭织物、针织物与非织造织物共同演绎了不同风格的服装时尚，它们的主要构成与风格特征也在本章做了详细的阐述。最后本章还围绕用于秋冬服装面料的天然和人造裘皮与皮革展开讨论，将它们不同的表观特征与应用做了较详细的对比阐述。

思考题

1. 简述服装面料的主要种类。
2. 举例说明天然纤维与化学纤维的性能差异与鉴别方法。
3. 举例说明编织服装中线类材料的种类与识别方法。
4. 如何鉴别梭织物、针织物、非织造织物？
5. 举例说明人造毛皮或皮革的特性及其在服装中的应用。
6. 收集一些服装面料，并对它们进行对比分析和鉴别。

第三章
服装辅料

课题名称：服装辅料

课题内容：本章阐述了服装辅料的构成，主要包括服装衬料与垫料、服装里料与絮填料、紧固材料、缝纫线与装饰包装材料等部分，并对它们的基本概念、主要种类和基本特点及适用性进行了介绍。

课题时间：6 学时

训练目的：使学生对服装辅料的组成有基本的了解，并掌握服装辅料中的不同种类辅料的概念、作用及其适用性等方面的内容。

教学方式：课堂讲解与多媒体教学相结合，运用大量服装辅料实物和典型图片进行授课讲解。

教学要求：教师理论教学与课堂讨论 6 学时，也可结合服装造型进行辅料与面料的匹配设计探讨。

学习重点：（1）学习并了解服装辅料的主要种类及其作用。

（2）掌握服装中衬料、里料、缝纫线、装饰等辅料选配的基本原则。

第一节 服装衬料与垫料

一、服装衬料

（一）服装衬料概述

服装衬料是指在衣服某一部分里面的布，可以起到拉紧、定型和支撑的作用，使衣服达到平挺的效果。衬料是服装的骨骼，对服装有平挺、造型、加固、保暖、稳定结构和便于加工等作用。衬料的种类繁多，性能各异，主要有棉、麻衬、马尾衬、黑炭衬、树脂衬、黏合衬、腰衬等。

衬料的基本作用主要包括：

（1）使服装整体挺括，折边清晰平直，达到理想的设计造型要求。

（2）保持服装良好的结构形态和稳定的尺寸大小。

（3）改善并提高服装面料的加工性能及其抗皱性能和强度。

（4）提高服装的保暖性并使服装结实耐穿。

（二）衬料的分类与特点

1. **衬料的分类**

衬料的分类方法很多，常用以下方法进行分类：

（1）按厚薄与重量分：轻薄型衬 $<80 g/m^2$，中型衬 $80\sim160 g/m^2$，重型衬 $>160 g/m^2$。

（2）按基布的种类及加工方式分：棉衬、麻衬、毛衬、树脂衬、黏合衬、腰衬、领带衬。

2. **衬料的特点**

根据衬料的加工方式及其基布种类的不同，分别进行说明：

（1）棉衬、麻衬：这是较原始的衬布，是未经整理加工或仅上浆硬挺整理的棉布或麻布。棉衬中的粗布衬、中平布衬和细布衬均可用做一般质料服装的衬布。而麻衬则由于其使用原料为麻纤维而具有较好的韧性和硬挺度，广泛用于各类毛料制服、西装和大衣等服装中（图3-1、图3-2）。

（2）毛衬：包括黑炭衬和马尾衬。黑炭衬是指用动物性纤维（山羊毛、牦牛毛、人发等）或毛混纺纱为纬纱、棉或棉混纺纱为经纱加工成基布，再经特殊整理加工而成；马尾衬则是用马尾作纬纱，棉或涤棉混纺纱为经纱加工成基布，再经定型和树脂加工而成。

由于黑炭衬和马尾衬的基布均以动物纤维为主体，故它们具有优良的弹性、较好的尺寸稳定性及各向异性（经向贴身悬垂、纬向挺括可伸缩）的特性，应用于服装中能产生挺括丰满的造型效果，通常黑炭衬主要用于西服、大衣、制服、上衣等服装的前身、肩、袖等部位，马尾衬则主要用于肩、胸等部位（图3-3、图3-4）。

图3－1 棉衬

图3－2 麻衬

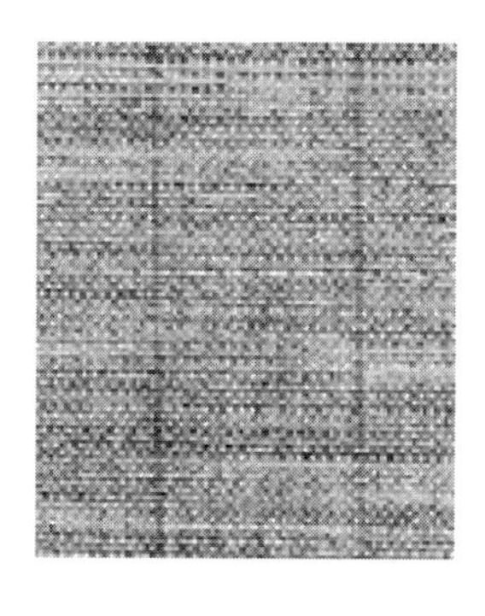

图3－3 黑炭衬

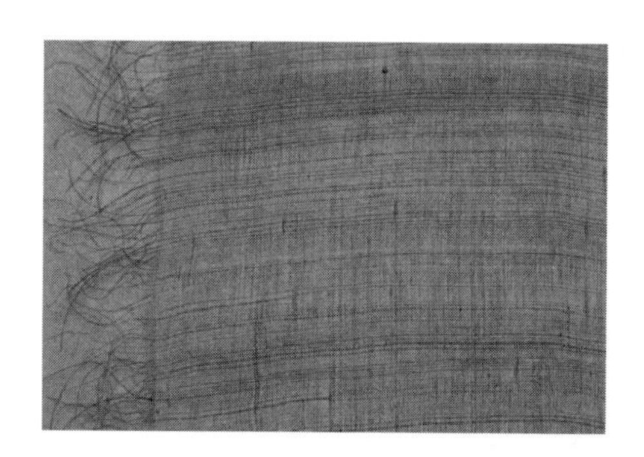

图3－4 马尾衬

（3）树脂衬：是以棉、化纤及混纺的机织物或针织物为底布，经过漂白或染色等其他整理，并经过树脂整理加工制成的衬布（图3－5）。

树脂衬主要包括纯棉树脂衬、涤棉混纺树脂衬、纯涤纶树脂衬。其中纯棉树脂衬因其缩水率小、尺寸稳定、舒适等特性而应用于服装中的衣领、前身等部位，此外还用于腰头等。涤棉混纺树脂衬因其弹性较好等特性而广泛应用于各类服装中的衣领、前身、驳头、口袋、袖口等部位。纯涤纶树脂衬因其手感滑爽而广泛应用于各类服装中，它是一种品质较高的树脂衬。

（4）黏合衬：即热熔黏合衬，它是将热熔胶涂于底布上制成的衬。在使用时需在一定的温度、压力和时间条件下，使黏合衬与面料（或里料）黏合，达到服装挺括美观并富有弹性的效果。

因黏合衬在使用过程中不需繁复的缝制加工，极适用于工业化生产，又符合了当今服装薄、挺、爽的潮流需求，所以被广泛采用，成为现代服装生产的主要衬料。

图3－5 树脂衬

①按底布种类分：

图3－6 机织黏合衬

机织黏合衬：通常为纯棉或与其他化纤混纺的平纹织物，它的尺寸稳定性和抗皱性较好，多用于中高档服装（图3－6）。

针织黏合衬：包括经编衬和纬编衬，它的弹性较好，尺寸稳定，多用于针织物和弹性服装中（图3－7）。

非织造黏合衬：常以化学纤维为原料制成，分为薄型（15～30 g/m^2）、中型（30～50 g/m^2）和厚型（50～80 g/m^2）三种。因其生产简便，价格低廉而应用广泛（图3－8）。

图3－7 针织黏合衬

图3－8 非织造黏合衬

②按热熔胶种类分：

聚酰胺（PA）黏合衬：具有较好的黏合强力和耐干洗性能，多用于衬衫、外衣等。

聚乙烯（PE）黏合衬：高密度聚乙烯黏合衬具有较好的水洗性能，但温度及压力要求较高，多用于男式衬衫；低密度聚乙烯黏合衬具有较好的黏合性能，但耐洗性能较差，多用于暂时性黏合衬布。

聚酯（PES）黏合衬：具有较好的耐洗性能，尤其对涤纶纤维面料黏合力强，多用于涤纶仿真面料。

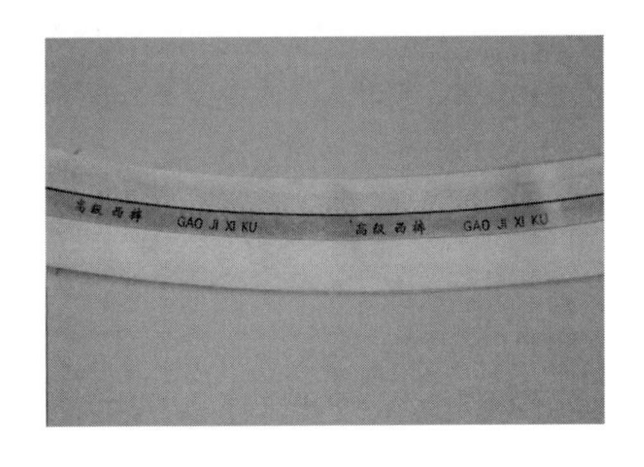

图3－9 腰衬

乙烯醋酸乙烯（EVA）黏合衬：具有较强的黏合性，但耐洗性能差，多用于暂时性黏合。

（5）腰衬：这种衬是近年来开发的新型衬料，多采用锦纶、涤纶、棉为原料按不同的腰宽织成带状衬布，对裤腰和裙腰部位起到硬挺、防滑、保型和装饰作用，故其在现代服装生产中的应用愈加普遍（图3－9）。

（6）领带衬：这种衬是以羊毛、化纤、棉等为原料制成底布，再经煮炼、起绒和树脂整理加工而成，应用于领带内层起到良好的造型、保型作用，并增补领带强力和弹性等，其应用也很广泛。

（7）组合衬：为了达到男、女高档西服前衣片的立体造型丰满效果，要对盖肩衬、主胸衬和驳头衬等进行工艺处理。现由衬布生产厂按照标准的服装号型尺寸，制作各种前衣片用衬的样板，并依样板严格裁制主胸、盖肩等黑炭衬或马尾衬，将胸绒、牵条衬及其他衬布组合并按工艺要求加工而成组合衬。组合衬的使用大大简化了服装加工工艺，既提高了服装生产的工效，又保证了质量（图3－10）。

（8）牵条衬：又称嵌条衬。在制作和使用过程中，服装上的易变形部位因受力变形而影响服装的质量。因此，在缝制服装时，常在衣片袖窿、领窝等易变形部位添缝牵条衬加以牵制和固定。黏合牵条衬现已广泛用于中高档毛料服装、丝绸服装和裘皮服装的止口、底边、门襟、袖窿、驳头和接缝等部位，起到了牵制、加固、防止脱散和折边清晰的作用（图3－11）。

图3－10　组合衬

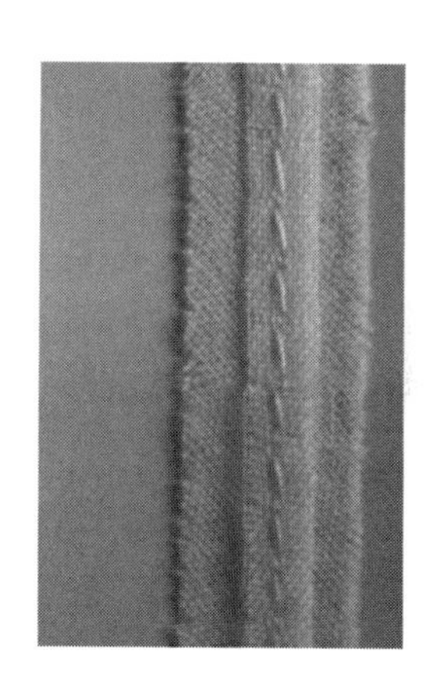

图3－11　牵条衬

牵条衬的品种已日益增多，除机织牵条衬和非织造牵条衬外，还有用热熔纤维制成的热熔牵条衬，它对双面黏合及薄型面料能起到折边清晰的良好效果。牵条的宽度有1cm、1.5cm、2cm、3cm等多种规格。机织牵条衬还有直条和斜条之分，斜牵条有30°、45°、60°等规格，其归拔效果亦不同。

（三）选配服装衬料的基本原则

1. 与服装面料的性能相配伍

这些性能主要包括服装面料的颜色、重量、厚度、色牢度、悬垂性、缩水性等，对于缩水大的衬料在裁剪之前须经预缩，而对于色浅质轻的面料，应特别注意其内衬的色牢度，避免发生沾色、透气等不良现象。

2. 与服装造型的要求相协调

由于衬布类型和特点的差异，应根据服装的不同设计部位及要求来选择相应类型、厚度、重量、软硬、弹性的衬料，并且在裁剪时注意衬布的经纬向，以准确完美地达到服装设计造型的要求。

3. 应考虑实际的制衣生产设备条件及衬料的价格成本

在选配黏合衬时，必须考虑是否配备有相应的压烫设备，在达到服装设计造型要求的基础上，应本着尽量降低服装成本的原则来进行衬料的选配，以适应市场需求，提高企业经济效益。

二、服装垫料

（一）服装垫料概念

服装垫料是指为了保证服装造型要求并修饰人体的垫物。垫料是用来保证服装的造型和修饰人体体型的不足。垫料主要有肩垫、胸垫、袖山垫及其他特殊用垫等。

垫料的基本作用主要体现在服装的特定部位，利用制成的用以支撑或铺衬的物品，使该特定部位能够按设计要求加高、加厚、平整、修饰等，以使服装穿着达到合体挺拔、美观、加固等的效果。

（二）垫料的分类及特点

1. 垫料的分类

（1）按使用材料分：棉及棉布垫、泡沫塑料垫、羊毛与化纤下脚针刺垫。

（2）按使用部位分：肩垫、胸垫、领垫等。

2. 垫料的特点

（1）肩垫：又称垫肩，使服装造型挺拔、板整、美观，它已作为改善服装造型的重要垫料而广泛应用于服装中。一般而言，肩垫大致可分为三类。

①针刺肩垫：用棉、腈纶或涤纶为原料，用针刺的方法制成的肩垫。也有中间夹黑炭衬，再用针刺方法制成复合的肩垫。这种肩垫弹性和保形性很好，多用于西服、军服、大衣等服装上（图3－12）。

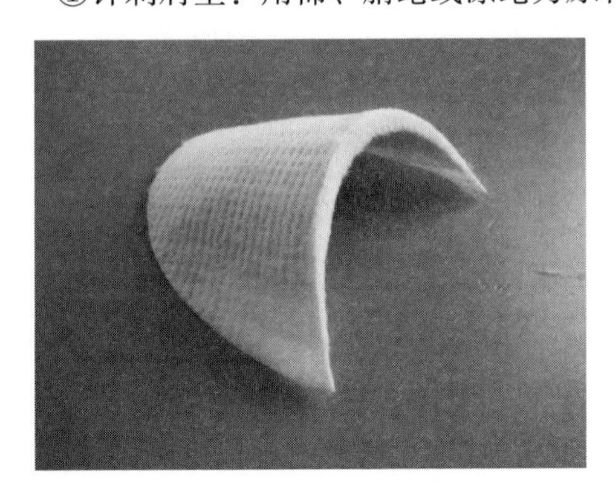

图3－12　针刺肩垫

②热定型肩垫：用涤纶喷胶棉、海绵、乙烯－乙酸乙烯酯共聚物（EVA）粉末等材料，利用模具通过加热使之复合定型制成的肩垫。这种肩垫多用于风衣、夹克衫和女套装等服装上。不同的模具形状可制成不同形状的肩垫（图3－13）。

③海绵及泡沫塑料肩垫：这种肩垫可以通过切削或用模具注塑而成。其制作方便，价格便宜，但耐洗涤性较差，在包覆针织物后用于一般的女装、女衬衫和羊毛衫上（图 3－14）。

图 3－13 热定型肩垫

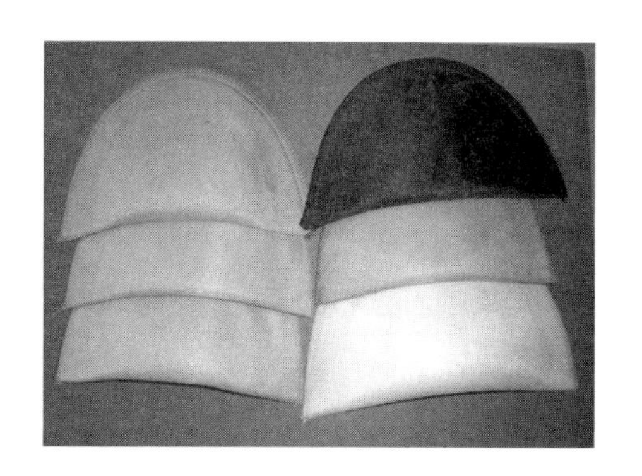

图 3－14 海绵及泡沫塑料肩垫

（2）胸垫：又称胸绒、胸衬，使服装挺括、丰满、造型美观，保型性好，它主要应用于西装、大衣等服装的前胸部位（图 3－15～图 3－17）。

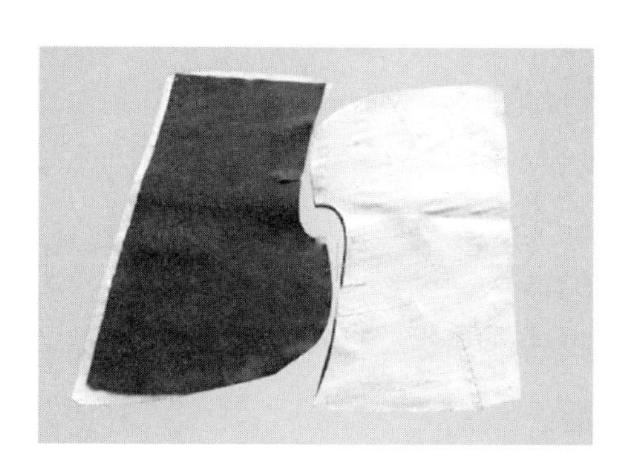

图 3－15 胸垫（1）

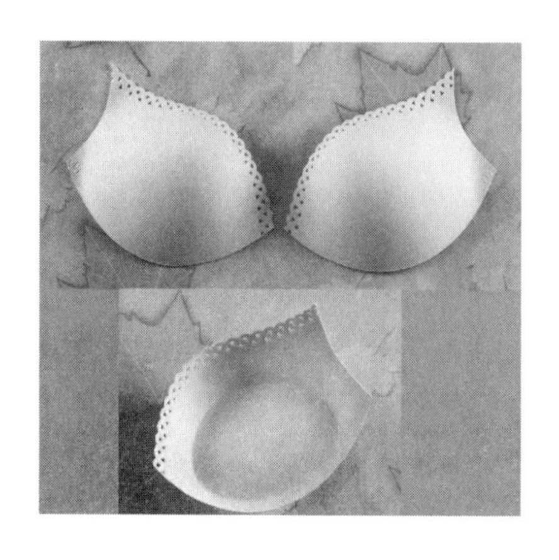

图 3－16 胸垫（2）

图 3－17 胸垫（3）

（3）领垫：又称领底呢，使服装衣领平展、服帖，保型性好，它主要应用于西服、大衣、军警服装及其他行业制服。

服装中垫料的种类很多，除了上述三种主要垫料外，还有袖山垫、臀垫、兜（袋）垫等，这里不再详述。

（三）选配垫料的基本原则

在选配垫料时，主要依据服装设计的造型要求、服装种类、个人体型、服装流行趋势等因素来进行综合分析运用，以达到服装造型的最佳效果。

第二节　服装里料与絮填料

一、服装里料

（一）服装里料概念

服装里料即通常所指的服装里子（夹里布），它是指用于部分或全部覆盖服装里面的材料。里料可使服装穿脱方便、美观舒适，具有良好的保型性和保暖性。里料的种类主要有天然纤维里料、化纤里料和混纺里料等。里料的基本作用主要有：

（1）使服装具有良好的保型性。服装里料给予服装附加的支持力，减少服装的变形和起皱，使服装更加挺括平整，达到最佳设计造型效果。

（2）对服装面料有保护、清洁作用，提高服装耐穿性。服装里料可以保护服装面料的反面不被沾污、减少对服装面料的磨损，从而起到保护面料的洁净作用，并延长服装的穿着时间。

（3）增加服装保暖性能。服装里料可加厚服装，提高服装对人体的保暖、御寒作用。

（4）使服装顺滑且穿脱方便。由于服装里料大都柔软平整光滑，从而使服装穿着柔顺舒适且易于穿脱。

（二）里料的分类及特点

1. 里料的分类

服装里料种类较多，分类方法也不同。

（1）按里料的加工工艺分：

①活里：由某种紧固件连接在服装上，便于拆脱洗涤。

②死里：固定缝制在服装上，不能拆洗。

（2）按里料的使用原料分：

①棉布类：如市布、粗布、条格布等。

②丝绸类：如塔夫绸、花软缎、电力纺等。

③化纤类：如美丽绸、涤纶塔夫绸等。

④混纺交织类：如羽纱、棉/涤混纺里布等。

⑤毛皮及毛织品类：各种毛皮及毛织物等。

2. 里料的特点

（1）棉布里料：棉布里料具有较好的吸湿性、透气性和保暖性，穿着舒适，不易产生静电，强度适中，不足之处是弹性较差，不够光滑，多用于童装、夹克衫等休闲类服装（图3－18）。

（2）丝绸里料：真丝里料具有很好的吸湿性、透气性，质感轻盈、美观光滑，不易产生静电，穿着舒适，不足之处是强度偏低、质地不够坚牢、经纬纱易脱落，且加工缝制较困难，多用于裘皮服装、纯毛及真丝等高档服装（图3－19）。

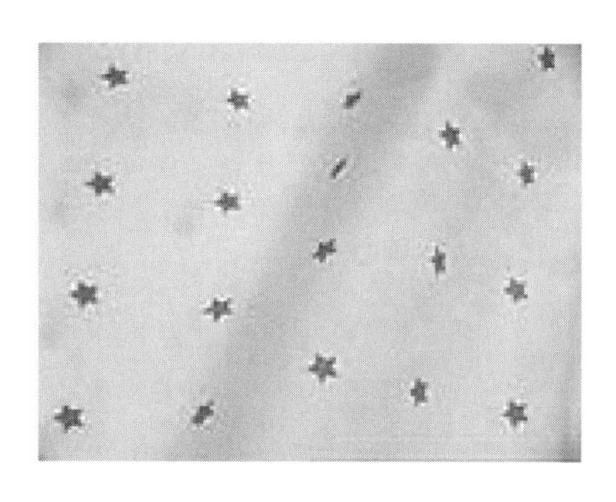

图3－18　棉布里料

图3－19　真丝里料

（3）羊毛里料：羊毛里料滑糯挺括、保暖美观，舒适性好，品质优，但价格较高，不够光滑。因此，羊毛里料常用于秋冬季高档皮革服装，尤其适用于冬季高档真皮革服装（图3－20）。

（4）化纤里料：化纤里料一般强度较高，结实耐磨，抗皱性能较好，具有较好的尺寸稳定性、耐霉蛀等性能，不足之处是易产生静电，服用舒适性较差，因其价廉而广泛应用于各式中、低档服装（图3－21）。

图3－20　羊毛里料

图3－21　涤黏提花里料

（5）混纺交织里料：这类里料的性能综合了天然纤维里料与化纤里料的特点，服用性能都有所提高，适用于中档及高档服装（图 3－22）。

（6）毛皮及毛织品里料：这类里料最大的特点是保暖性极好，穿着舒适，多应用于冬季及皮革服装（图 3－23）。

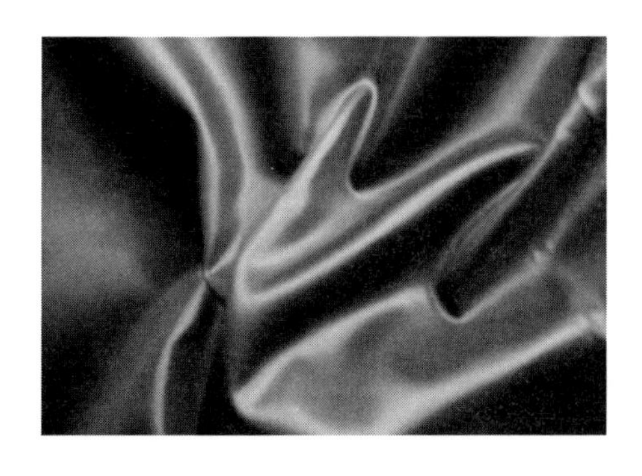

图 3－22 涤塔夫绸

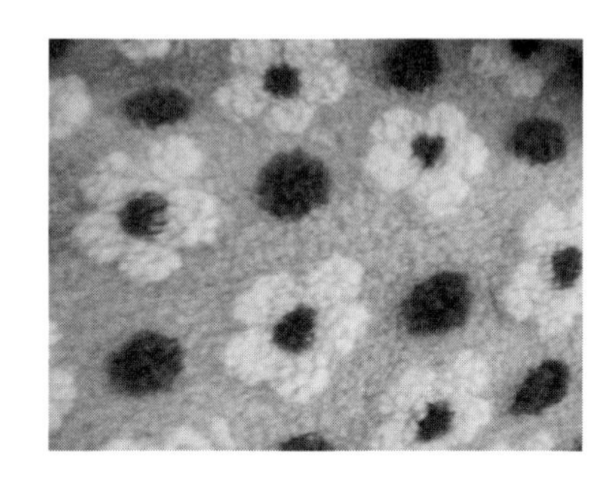

图 3－23 提花仿羊羔绒里料

（三）选配服装里料的基本原则

1. 服装里料必须具备良好的物理性能

里料的缩水率、耐热性能、耐洗涤性能、比重及厚度都应符合面料的配伍要求，从而满足服装外观造型需求。

2. 服装里料与面料的颜色搭配须协调

一般情况下，里料的色泽应与面料相接近且较面料颜色稍浅，以免造成透色或沾色等不良反应。而对于动感强烈的体育运动服装而言，选配里料时还可考虑选用面料的对比色，已达到色彩醒目、激情飞扬的视觉效果。

3. 选配的里料应经济实用

选配里料应注意美观经济、结实耐用，一般不超过面料的价格，以降低服装成本，并注意面料与里料在裁剪时裁法（直裁、横裁或斜裁）要一致，以确保达到服装的最终设计造型要求。

二、服装絮填料

（一）服装絮填料概述

服装絮填料是指使用于服装面料与里料之间，起保暖（或降温）及其他特殊功能的材料。传统的用于服装的絮填料主要作用是保暖御寒，随着科技的进步，新发明的不断涌现，赋予了絮填料更多更广的功能，也开发了许多新产品，如利用特殊功能的絮填料以达到降温、保健、防辐射等的功能性服装。

（二）絮填料的分类及特点

1. 絮填料分类

（1）按使用纤维材料分：棉花/动物绒/化纤絮填料，天然毛皮和羽绒，泡沫塑料，混合絮填料，特殊功能絮填料（图3-24～图3-26）。

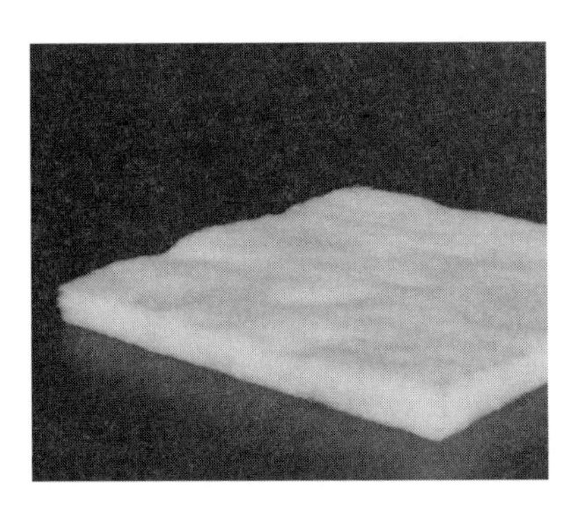

图3-24　纯棉絮片

图3-25　羊毛针刺絮片

图3-26　鸭绒

（2）按功能分：保暖絮填料，特殊功能絮填料（图3-27～图3-29）。

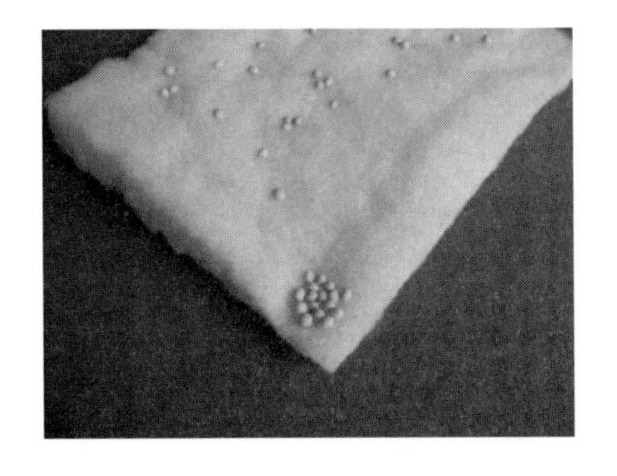

图3-27　大豆纤维絮片

图3-28　铝箔棉絮片

2. 絮填料的特点

（1）保暖絮填料：蓬松、柔软而富有弹性，为便于裁剪缝制，目前市场上的保暖絮填

图3－29 太空棉絮片

料多为絮片保暖材料。

（2）热熔絮片：以涤纶纤维为主，用热熔黏合工艺加工成的絮片。

（3）喷胶棉絮片：以涤纶短纤维为主，经梳理成网，对纤维网喷洒液体黏合剂，再经热处理而成的絮片。

（4）金属镀膜复合絮片：又称太空棉、金属棉。以纤维絮片、金属膜为主，经复合加工而成。

（5）毛型复合絮片：以纤维絮层为主的多层复合结构材料，因其原料、结构及加工工艺的差异而有多种类型，如羊毛复合絮片、毛涤复合絮片、驼绒复合絮片等。

（6）特殊功能絮填料：为使服装达到某种特殊的功能而采用的特殊絮填材料。例如在劳保服装中利用金属镀膜做絮填料，可起到热防护作用；在宇航服装中使用消耗性散热材料，可以起到防辐射作用。至于服装中的保健絮填料，则更屡见不鲜。

（三）选配絮填料的基本原则

在选配絮填料时，主要根据服装设计款式、种类用途及功能要求的不同来选择相应厚薄、材质、轻重、热阻、透气透湿、强力、蓬松、收缩性能的絮填料，必要时还可对絮填料进行绗缝等再加工处理，以适应服装加工的需要。

第三节 紧固材料、缝纫线、装饰与包装材料

一、紧固材料

（一）紧固材料概念

紧固材料指服装中具有封闭、扣紧功能的材料。用于服装紧固的材料有纽扣、拉链、钩环、尼龙搭扣、绳带等。

紧固材料除了自身所具备的封闭、扣紧作用外，其装饰性也是不容忽视的，尤其在当今服装潮流趋于简约的背景下，紧固材料的装饰作用愈发明显和突出，常常起“画龙点睛”的作用，是极其重要的服装辅料之一。它在服装中的应用也相当广泛。

（二）紧固材料的分类及特点

1. 紧固材料的分类

紧固材料主要由纽扣、拉链、绳带、钩环及尼龙搭扣等组成。

2. 紧固材料的特点

（1）纽扣：较早专用于服装的紧固材料，目前市场上的纽扣种类繁多，主要有以下

几种：

①有眼纽扣：在纽扣的表面中央有四个或两个等距离的孔眼，以便用线手缝或钉扣机缝钉在服装上。有眼纽扣由不同的材料制成，其颜色、形状、大小和厚度各异，以满足不同服装的需要。其中正圆形纽扣量大面广。四眼纽扣多用于男装，两眼纽扣多用于女装（图3－30）。

②有脚（柄）纽扣：在扣子的背面有凸出的扣脚（柄），其上有孔眼或者在金属纽扣的背面有一金属环，以便将扣子缝在服装上。有脚纽扣适用于厚型、起毛和蓬松面料服装，能使纽扣在扣紧后保持平整。纽扣表面雕花或制作有标志图案时，亦需有柄的结构（图3－31）。

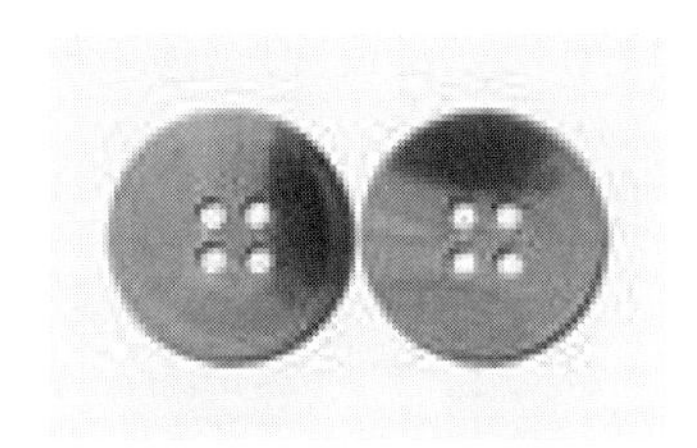

图3－30　有眼纽扣

图3－31　有脚纽扣

③编结纽扣：用服装面料缝制成布带或用其他材料的绳、带经过手工缠绕编结而制成的纽扣。有很强的装饰性和民族性，多用于传统中式服装和女时装（图3－32）。

④揿纽（按扣）：广泛使用的四合扣是用压扣机铆钉在服装上的。揿纽一般由金属（铜、钢、合金等）制成，亦有用合成材料（聚酯、塑料等）制成的。揿纽是强度较高的扣紧件，容易开启和关闭。金属揿纽具有耐热、耐洗、耐压等性能，所以广泛应用于厚重布料的牛仔服、工作服、运动服以及不宜锁扣眼的皮革服装上。非金属的揿纽也常用在儿童服装与休闲服装上（图3－33）。

图3－32　编结纽扣

图3－33　按扣

（2）拉链：是一个可重复拉合、拉开的，由两条柔性的、可互相啮合的单侧牙链所组合而成的直接件。根据不同的设计要求，加上它快速、简便、安全等性能而使它在服装中的应用十分广泛。因拉链组成材质的差异，主要分为以下三类：

①金属拉链：优点是耐用、庄重、高雅、装饰性强；缺点是链牙较易脱落或移位，价格较高。主要应用于中高档夹克衫、牛仔服、皮衣、防寒服等（图3-34）。

②树脂拉链：优点是耐磨、抗腐蚀、色泽艳丽；缺点是链牙颗粒较大，较粗。主要应用于质地厚实的外衣、工作服、童装、部队作训服等（图3-35）。

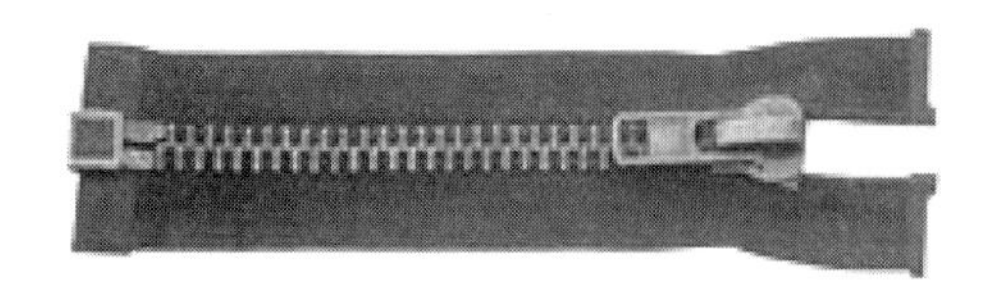

图3-34　金属拉链

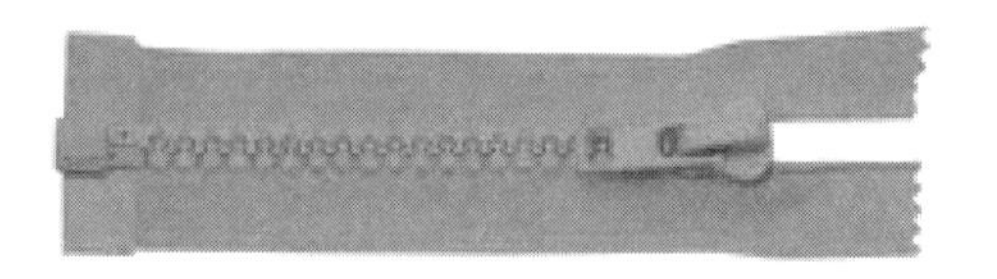

图3-35　树脂拉链

③尼龙拉链：优点是耐磨、轻巧、弹性好、色泽鲜艳。主要应用于质地轻薄的各式服装，如童装、女装等（图3-36、图3-37）。

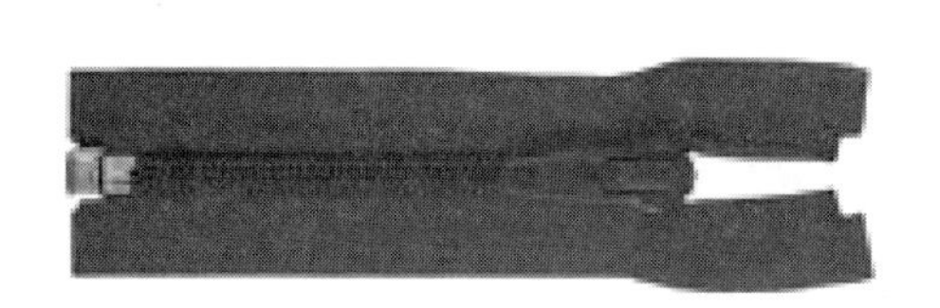

图3-36　尼龙螺旋拉链

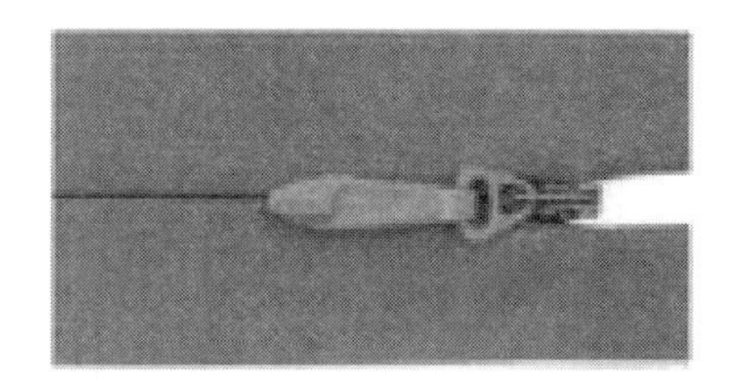

图3-37　尼龙隐形拉链

（3）绳带：服装中的绳带除了起固紧作用外，还具有较强的装饰性。装饰性的绳带可做服装、鞋帽的紧扣件和装饰件，如可根据款式需要应用于风雨衣、夹克衫、防寒服、童装等；实用性的绳带则可作为附件来配合服装，如服装中的锦纶搭扣带、裤带、腰带、鞋带等（图3-38）。

图3-38　绳带

（4）钩环搭扣：钩环多由金属或树脂材料制成，主要用于承受拉力部位的固紧闭合，如裤腰、裙腰、衣领等。搭扣多为尼龙搭扣，多用于开闭迅速且安全的部位，如婴幼儿服装、作战服、消防员服装等（图3－39、图3－40）。

图3－39　尼龙搭扣

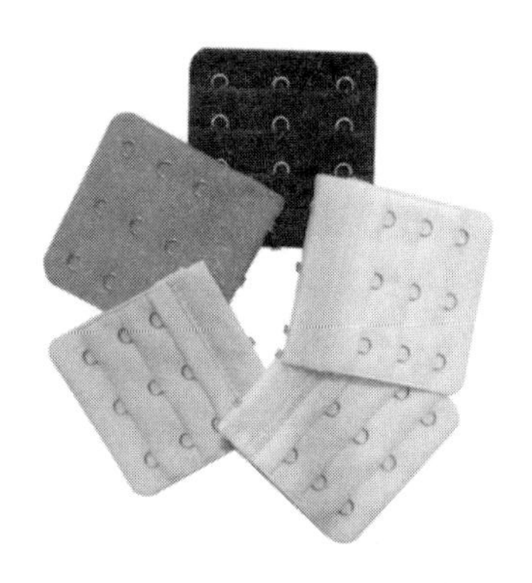

图3－40　内衣钩环

（三）选配紧固材料的基本原则

1. 根据服装款式及流行趋势进行选配

由于紧固材料较强的装饰作用，它已成为加强和突出服装款式特点的十分有效的途径，还应与服装及配件的流行相结合，在材质、造型、色彩等多方面综合考虑。

2. 根据服装种类和用途进行选配

通常女装较男装更注重装饰性，童装应侧重考虑安全性，而秋冬季服装因天气寒冷，为加强服装保暖效果，多采用拉链、绳带和尼龙搭扣等。

3. 应与服装面料相配伍

紧固材料应从材质、造型、颜色等多方面与面料搭配协调，以求达到完美的装饰效果，通常轻薄柔软的面料选用质地轻而小巧的紧固材料，而厚重硬挺的面料则选用质地较厚实且较大的紧固材料。

4. 根据紧固材料所使用的部位及服装的加工方式、设备条件综合考虑

通常应用在上衣门襟的拉链为开尾拉链，而应用在裤子门襟、女裙门襟则以闭尾拉链为主。

5. 应考虑服装的保养洗涤方式

这里主要涉及紧固材料的坚牢度、色牢度以及是否溶于干洗剂等方面。

二、缝纫线

（一）缝纫线概念

缝纫线是指连接服装衣片及用于装饰等用途的材料，它是服装加工中不可缺少的辅料，同时具有一定的连接功能与装饰性的作用，它直接影响服装的内在品质与外观质量。

（二）缝纫线的分类及特点

1. 缝纫线的分类

按使用功能分为缝合缝纫线、工艺装饰线和特种用线。

2. 缝纫线的特点

（1）缝合缝纫线：指缝合纺织材料、塑料、皮革制品等用的线，它包括三种基本类型：天然纤维型缝纫线、化纤型缝纫线和混合型缝纫线，它们在服装中应用极广（图3－41）。

（2）工艺装饰线：指用一定的工艺加工方法使线具备显著装饰功能的线，主要包括绣花线、编结线和镶嵌线三类，根据它们各自不同的特点而应用于服装及装饰用品。

（3）特种用线：指根据某种特殊需要而设计制成的线，如特殊缝纫的阻燃线和防针脚漏水缝线等，它们用途专一，成本较高，适用范围较小（图3－42）。

图3－41　真丝缝纫线

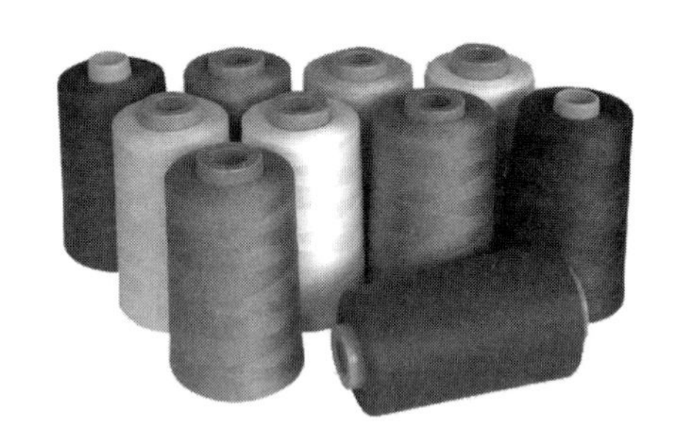

图3－42　涤纶高强缝纫线

（三）选配缝纫线的基本原则

1. 所配缝纫线须与面料相配伍

缝纫线与面料的质地、厚度、颜色、缩水率相匹配，才能符合和达到服装的质量（内在与外观）要求。

2. 应根据服装的款式要求选择相应的缝纫线

服装缝制过程中要求的明线、码边、锁眼、钉扣等，须注意颜色搭配及选配相应规格的缝纫线。

3. 选配工艺装饰线或特种用线时须以实现装饰或功能目标为依据

主要以达到最佳的装饰效果或特种功能为原则选配相应色彩、质地、粗细的线类材料。

三、装饰与包装材料

（一）装饰与包装材料概念

装饰材料主要是指依附于服装面料之上的花边、缀片、珠子等装饰效果极强的材料。

它们的作用是加强服装造型及装饰作用。除了上述服装装饰辅料外，还有包装材料中的商标、尺码带、示明牌等其他辅料，它们的材料和形式多种多样，对服装的整体品质起到了积极的促进作用。

图 3－43　编织花边

（二）装饰与包装材料的分类及特点

1. 装饰材料

（1）花边：或称为蕾丝，用做嵌条或镶边装饰用的各种花纹图案的带状材料，在女装和童装中应用较多，主要包括编织花边、刺绣花边、经编花边和梭织花边四大类，多应用于各式内衣、睡衣、时装、礼服、披肩及各式民族服装中，具有鲜明的装饰效果和优雅浪漫的艺术感染力（图 3－43～图 3－45）。

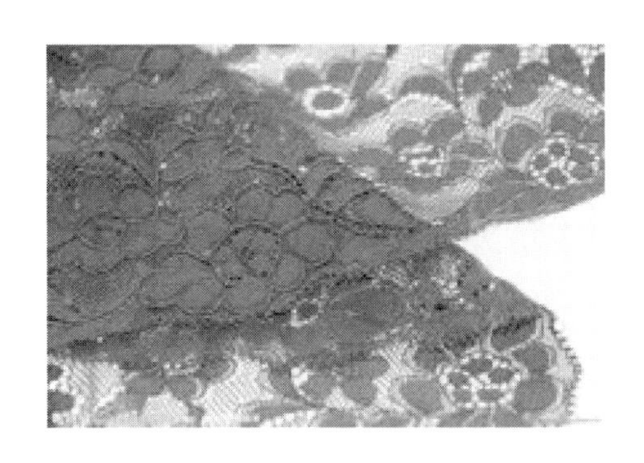

图 3－44　针织花边

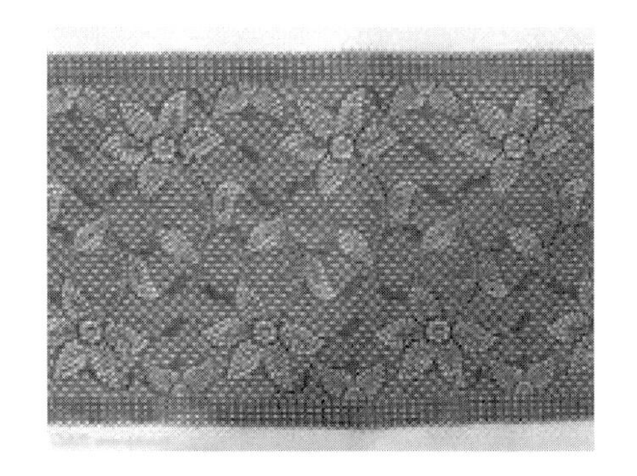

图 3－45　梭织花边

（2）缀片、珠子：这类辅料因其极强的装饰性而广泛应用于婚礼服、晚礼服、舞台服及时装中，使服装造型靓丽、魅力四射（图 3－46～图 3－48）。

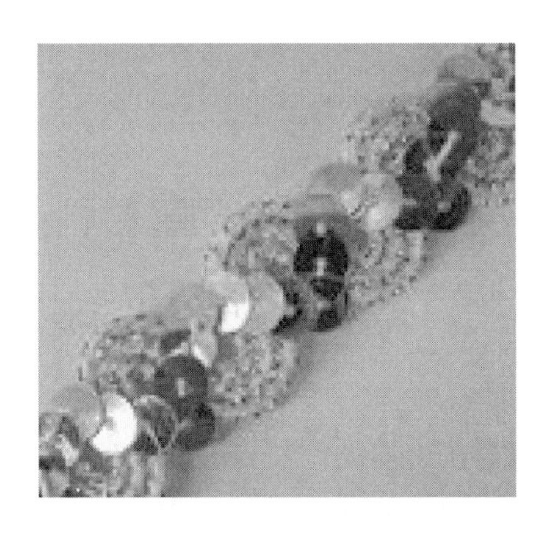

图 3－46　珠片花边带

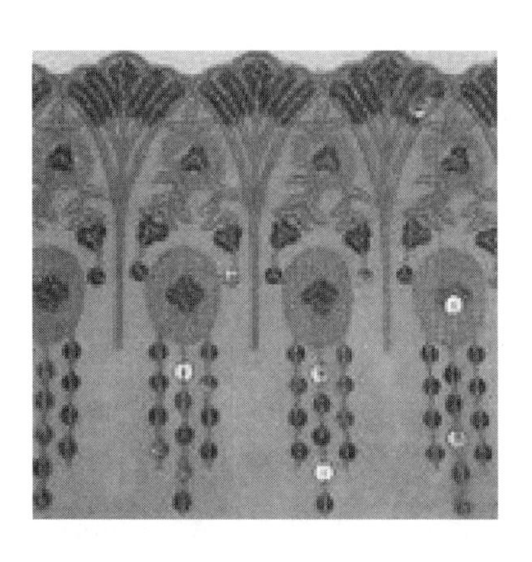

图 3－47　珠片花边

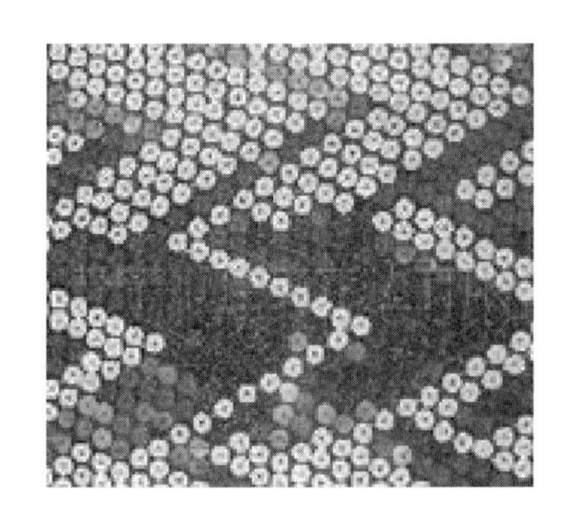

图 3－48　珠片匹布

（3）选配装饰材料的基本原则：在选配时应注意花边、缀珠的色彩、花型、宽窄大小与服装款式、面料相配伍，以突出最佳的装饰效果。

2. **包装材料**

（1）商标及标志材料：

①商标及标志材料的概念及基本作用：商标是指商品的标记，即服装生产、经销企业专用在本企业服装上的标记。商标通常用文字、图案或兼用两者来表示，它必须经过服装企业注册、有关主管部门批准后才能使用。商标的作用主要是区分识别、监督质量、指导消费和广告宣传等。

标志材料是用图案表示的视觉语言，它具有快速、清晰、概括性强的特点，主要包括服装的成分组成、使用说明、尺寸规格、原产地、条形码、缩水率、阻燃性等。标志材料的作用主要是为企业生产提供依据，并指导消费者选择及保养服装。

在我国，为了帮助企业生产和消费者识别购买保养服装，国家规定了服装应具有完整的标志，它们分别是：注册商标、生产企业名称地址、服装尺码或号型、服装面辅料成分标志及洗涤保养标志（洗涤、熨烫说明）。

②商标及标志材料的分类和特点：按使用原料可分为以下五种：

a. 用纺织品印制的商标：由经过涂层的纺织品印制，如尼龙涂层布、涤纶涂层布、纯棉及棉/涤涂层布。

b. 纸制商标：即吊牌，通常可在吊牌正、反面印制商标、标识等。

c. 编织商标：即织标，一般以涤纶为原料，按图案设计要求编织而成，织标常用做服装的主要商标而被缝于服装上。

d. 革制商标：即皮牌，通常以真皮或合成革为原料，用特制模具经高温浇烫形成图案，皮牌主要用于牛仔服及皮装。

e. 金属制商标：一般以薄金属板材料为原料，经模具冷压而成，金属制商标主要用于牛仔服及皮装。

标志按作用分为以下六种：

a. 品质标志：表示服装面、辅料所用的纤维种类及比例，通常按纤维含量的多少排列。

b. 使用标志：即洗涤标志，指导消费者对服装进行正确的洗涤、熨烫、保管等。

c. 规格标志：即服装规格，通常用服装号型表示，这些号型可根据服装种类不同而有差异，如衬衫以领围为规格标志，而裤子以裤长和腰围为规格标志。

d. 原产地标志：标明服装生产地，以便消费者了解服装来源。

e. 条形码标志：能用读码设备将条形码数字所表示服装的产地、名称、价格、款式、颜色、生产日期等内容读出来。

f. 合格证标志：是由服装生产企业对检验合格的服装加盖的合格章，表明服装经检验合格。

③制作商标、标志材料的基本原则：

a. 应与服装款式、面料相协调，不同种类的服装要根据其特点来制作，如童装可选择色彩鲜艳、活泼可爱的标志，高档服装则应配以高质量的标志。

b. 标志内容要真实正确，图案颜色应与企业形象相吻合，并且制作标志的原料及方法应统一协调，以产生最佳搭配效果，便于消费者识别和购买使用。

（2）包装材料：服装的包装也是目前服装生产管理中不容忽视的方面，包括包装袋、衣架、裤（裙）夹、卡片纸、拷贝纸、封口胶带、纸盒等，这些包装辅料的合理选配，可以完善服装及企业形象，对提高服装的档次起着积极的作用，同时对服装企业及服装品牌起到良好的展示宣传作用。

服装包装是服装整体形象的一个重要环节。在过去，服装包装主要是为了便于清点服装号型数量和质量的完整性，便于消费者的携带等。现在，服装包装已成为服装品牌宣传和推广的重要手段之一，也直接影响服装的价格、销路和企业形象，因此服装包装是服装材料中不可缺少的必要组成部分。根据不同的服装种类与特点，服装包装主要分为衬衫包装、内衣包装、T 恤包装等。

一般情况下，服装包装可分为内层包装、外层包装和终端包装。

①内层包装：主要作用是便于清点服装数量和运输，是服装贮存、运输的重要保障。这类包装材料上多采用邻苯基苯酚（opp）或聚丙烯（cpp）透明塑料，一部分知名品牌会在透明塑料袋上印刷品牌名称、LOGO 和专属图案，以维持良好的品牌形象。其余则印刷图案较为简单，有些服装的内层包装直接采用没有任何品牌说明的透明塑料袋。

②外层包装：一般采用瓦楞纸箱、木箱、塑料编织袋等方式，这主要是为了便于运输、贮存，此外还要采取相应的防潮措施，以防服装受潮而影响质量。通常服装外层包装印刷比较简单，只要可以完整准确地反映内容物的基本信息即可。

③终端包装：是指服饰用环保购物袋，主要用于展示服装品牌和宣传形象，同时便于消费者买后携带。由此可见，服装的终端包装必须重视，印刷的图案和工艺应相当精美和优良，很多服装企业也已将服装的终端包装纳入企业 VI 设计，并且聘请专业设计队伍从包装材料、印刷内容、表现形式等多方面进行策划实施，以期提升服装品牌的形象和知名度，达到良好的服装品牌宣传效果。本着低碳环保的理念，服装终端包装的常用材料多为纸质、可降解塑料和布质三类，常见的包装形式主要包括吊卡袋、拉链袋（三封边）、手提袋等。

综上所述，服装辅料关系着服装的整体形象，设计使用得当，将十分有利于提高服装的档次并利于终端销售。

本章小结

服装辅料是指服装制作过程中除了面料以外的一切用于服装上的材料。服装辅料的服用性能、加工性能、装饰性能、保管性能及成本都直接关系到服装成衣的品质、造型、舒适及销售，其重要性是不言而喻的。服装辅料根据其基本作用可分为服装里料、服装衬料、服装垫料、服装絮填料、紧固材料、装饰材料、商标及标志和包装材料等。

现在服装辅料作为“服装的骨架”“服装的支撑”，更加关注的是其能体现服装设计师的设计智慧和灵感，充分体现服装的时尚个性。纽扣、烫钻、亮片、花边、金属扣件等辅料在服装设计中的地位越来越被强调、运用，无论是高档的婚纱和礼服，还是大众化的时尚女装和休闲服装，当用有设计感的辅料来点缀时，档次和价格大有改观。快速发展的服装业对辅料也提出了更高的要求。

思考题

1. 服装辅料有哪些主要种类？它们在服装中有何作用？
2. 分别阐述服装衬料和里料的种类、特点及其适用性。
3. 收集具有代表性的服装紧固材料，说明它们的区别、特点及适用的服装和部位。
4. 请收集六款不同服装的商标、标志和示明牌，并加以评论。
5. 根据服装造型特点，进行服装辅料与服装面料的匹配设计。

理论与应用实践

第四章

服装材料性能与加工技术

课题名称： 服装材料性能与加工技术

课题内容： 本章介绍了天然纤维材料和化学纤维材料及其性能，并分析了服装材料的加工技术及特点，针对不同面料的性能，总结其裁剪、缝纫及熨烫时的条件及注意事项。

课题时间： 20 学时

训练目的： 使学生了解天然纤维材料和化学纤维材料的性能及服装加工技术，并理解不同材料在加工中的要点。

教学方式： 多媒体教学，用材料实物授课，理论与实践相结合。

教学要求： 教师理论教学 12 学时，学生通过实验了解材料性能、熟悉加工技术 8 学时。

学习重点：

（1）学习常见服装材料的主要性能与风格特征，以便更好地掌握不同种类服装材料在服装中的适用性能。

（2）针对不同的服装材料性能，了解并分析适用于它们的相对应的裁剪、缝纫和熨烫等服装加工技术要点。

第一节　常见服装材料性能

一、天然纤维材料及其性能

（一）棉织物

1. 棉织物概述及服用性能特点

棉织物是指以棉纱线为原料织制的梭织物。棉织物的主要服用性能特点为：

（1）吸湿性能强，染色性能较好，织物的缩水率为4%～10%。

（2）手感柔软，穿着舒适，光泽柔和，富有自然美感，易折皱，弹性欠佳。

（3）耐碱不耐酸（可进行丝光处理），不耐长久高温（150℃以上）整理，易受潮霉烂变质，故熨烫、染色、保管时应注意。

2. 常见棉织物的风格特征及其适用性

（1）平纹布类：

①平布（表4－1）：

表4－1　平布的风格特征及其适用性

品名	风格特征	适用种类
细平布	质地细薄，布面匀整，手感柔软	内衣裤、罩衫、夏季外衣、床上用品等
中平布	结构较紧密，布面匀整光洁	衫裤、衬布、被里
粗平布	布面粗糙，手感厚实，坚牢耐用	衫裤、家纺用品、鞋面布

②细纺：采用高支精梳烧毛股线织制而成，质地细薄，结构紧密，布面光洁。此外，细纺经特殊后整理，不皱不缩，快干免烫，具有良好的舒适性和吸湿性。常用于高档衬衫、裙装、刺绣制品、床罩、台布等（图4－1）。

③棉绸：属于一种高支高密的平纹织物，布面呈现由经纱构成的菱形颗粒效果。棉绸质地轻薄，结构紧密，布面光洁，手感滑爽。常用于裙装、内衣、衬衫、童装等（图4－2）。

图4－1　纯棉细纺

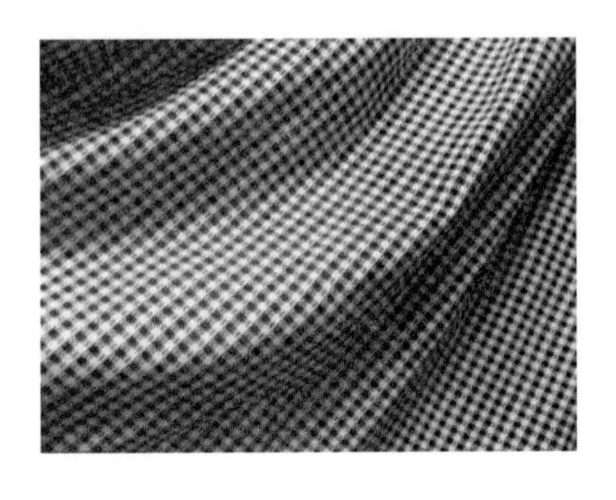

图4－2　棉绸

④泡泡纱：布面全幅（碱缩泡泡）或部分（织造泡泡）呈现凹凸泡泡，状似核桃壳的织物。泡泡纱外观别致，立体感强，质地轻薄凉爽，穿着舒适柔软。用于夏季裙装、便装、睡衣裤、童装等（图4－3）。

⑤巴厘纱：也称玻璃纱，是棉织物中最薄的织物，手感柔软，布面匀净，布孔清晰，透气透湿，穿着凉爽舒适，常用于衬衫、裙装等（图4－4）。

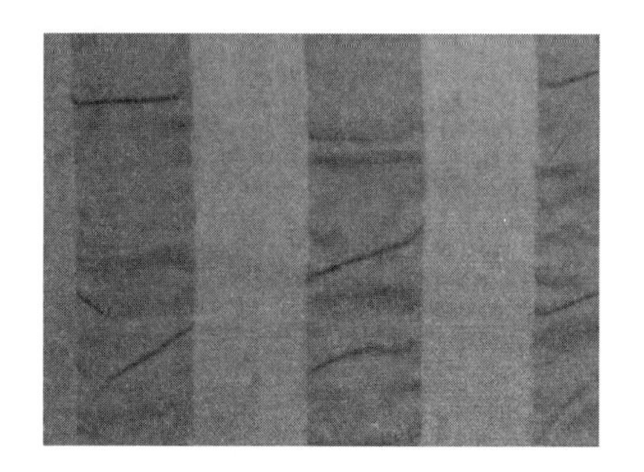

图4－3 泡泡纱

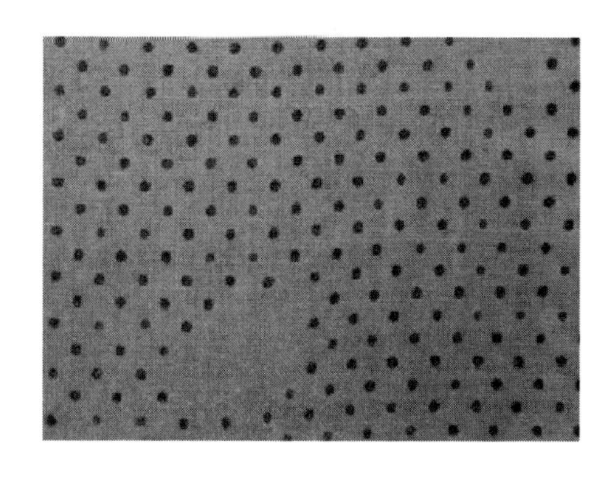

图4－4 巴厘纱

（2）斜纹布类：

①斜纹布：分为粗斜纹布和细斜纹布。粗斜纹布织纹粗壮，厚实坚牢；细斜纹布织纹细密，轻薄柔软。常用于便装、工作服、学生装、童装等（图4－5）。

②哔叽：质地柔软，正反面织纹相同，倾斜方向相反，倾斜角约为45°。常用于外衣、裙裤、童装等。

③华达呢：质地厚实而不发硬、耐磨等特点，斜纹清晰，织物正反面织纹相同，但斜纹方向相反，倾斜角约为63°。常用于外衣、裙裤等（图4－6）。

图4－5 牛仔布

图4－6 棉华达呢

④卡其：质地紧密，织纹清晰且更加明显，手感厚实硬挺，挺括耐穿（耐磨不耐折，服装的末端部位易磨损断裂）。常用于工作服、制服、外衣等（图4－7）。

（3）缎纹类：

①棉缎：手感绵软，质地较厚实，具有丝绸般光泽，穿着舒适美观，常用于外衣、便

服、裙装、衬衫等（图4－8）。

图4－7　棉卡其

图4－8　棉缎

②直（横）贡缎：布面光洁，手感柔软，具有与真丝缎相似的外观效应。常用于衣裙、秋冬季衣料及鞋面、印花被面等装饰织物（图4－9）。

（4）其他组织织物：

①绒布：经机械拉绒后表面呈现蓬松绒毛的织物，绒布手感松软，保暖性好，吸湿性强，穿着舒适。常用于衬衫、婴幼儿装、睡衣裙等家居服（图4－10）。

图4－9　直贡缎

图4－10　绒布

图4－11　灯芯绒

②灯芯绒：绒条丰满，质地厚实，耐磨耐穿，保暖性好。常用于外衣裤、衬衫、童装、鞋帽、家具装饰布等（图4－11）。

③平绒：经机械割绒后表面形成短密平整绒毛的织物，平绒绒毛丰满平整，质地厚实，光泽柔和，柔软硬挺，保暖性好。常用于便装、旗袍礼服、童装、装饰用布等。

（二）麻织物

1. 麻织物概述及服用性能特点

麻织物是指用麻纤维纺织加工或麻与其他纤维混纺（交织）的织物。麻织物的主要服用性能特点分别为：

（1）质地硬挺，坚牢耐用，透湿性极好。

（2）色泽自然，柔和高雅，染色性能较好。

（3）耐腐蚀性好，不易霉烂虫蛀，耐碱不耐酸。

2. 常见麻织物的风格特征及其适用性

（1）纯麻织物：细密轻薄（苎麻）/粗犷厚实（亚麻），凉爽挺括，风格别致，具有优良的透湿性和舒适性。常用于夏季服装、家纺用品等（图4－12）。

（2）混纺麻织物：挺括，保型性好，风格粗犷，常用于夏季外衣、家纺用品等（图4－13）。

图4－12　苎麻织物

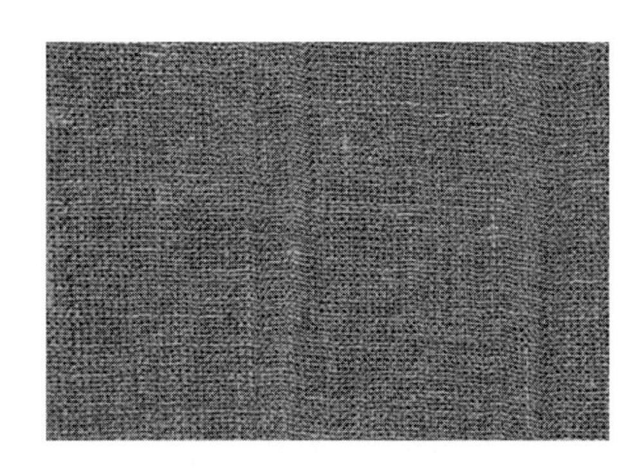

图4－13　混纺麻织物

（3）交织麻织物：质地细密，坚牢耐用，手感较柔软，常用于夏季衣裙，外衣等。

（三）丝织物

1. 丝织物概述及服用性能特点

丝织物是指用蚕丝、人造丝、合纤丝等为原料织成的各种织物。丝织物的主要服用性能特点分别为：

（1）桑蚕丝织物外观细腻，手感滑爽柔软，色白明亮，华贵高雅（高档衣料）；柞蚕丝织物外观较粗糙，手感柔而不爽，色黄光暗（中档衣料）；绢纺织物外观较粗糙，手感涩滞柔软，色光柔和（外衣用料）。

（2）纯丝织物强度较高，染色性能好，易折皱，耐光性能较差。

（3）纯丝织物耐低浓度无机酸不耐碱（如碱性肥皂影响丝织物的光泽和手感）。

2. 常见丝织物的风格特征及其适用性

（1）尼龙绡/全涤绡：以平纹组织或透孔组织为地纹，尼龙绡质地平挺，轻薄透明，晶闪明亮，孔眼方正，坚牢耐用，常用于婚礼服装、方巾、头巾、披纱等。全涤绡质地轻薄透明，手感柔软光滑平挺，常用作绣花衣裙、台布等家用纺织品（图4－14）。

（2）电力纺：平纹质地轻薄细密，柔软滑爽平挺，常用于夏季衬衫、裙装、里料、方巾等（图4－15）。

图4－14 涤纶绡

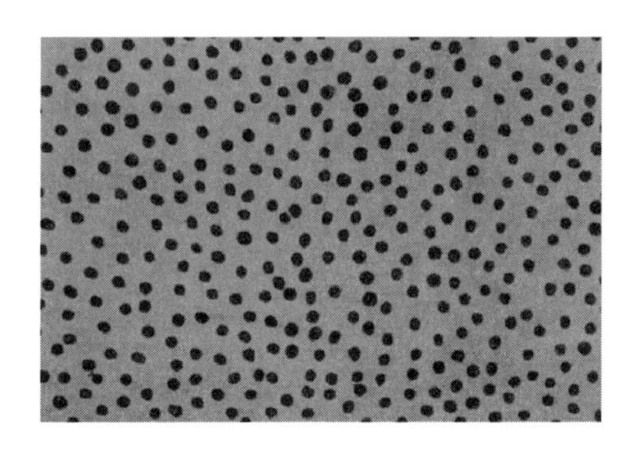

图4－15 电力纺

（3）双绉：手感柔软、富有弹性，表面有隐约的细皱纹，缩水率较大（10%左右），常用于衬衫、衣裙、头巾、绣花料等（图4－16）。

（4）乔其纱：皱纹细微均匀，纱孔明显，质地稀疏轻薄，悬垂飘逸，弹性好，常用于夏季衣裙、礼服、便装、衬衫等（图4－17）。

图4－16 真丝双绉

图4－17 乔其纱

（5）素/花软缎：素软缎纹面平滑光亮，质地柔软，背面呈细斜纹装（素色），花软缎（印花/提花）花纹突出，层次分明。常用于便装、绣衣、睡衣、装饰用布等（图4－18）。

（6）美丽绸：绸面光亮平滑，斜纹纹路清晰，常用于服装里料（图4－19）。

（7）塔夫绸：质地紧密，绸面细洁光滑，柔软平挺，常用于衣裙、头巾、里料等（图4－20、图4－21）。

（8）织锦缎：质地厚实紧密，缎身平挺，色泽绚丽，常用于民族服装、上衣、礼服等（图4－22）。

图 4 – 18　花软缎

图 4 – 19　美丽绸

图 4 – 20　塔夫绸

图 4 – 21　绢纺

（9）丝绒：绒毛耸密浓簇，质地柔软，色光柔和，富有弹性，常用于礼服、镶边装饰等（图 4 – 23）。

图 4 – 22　织锦缎

图 4 – 23　丝绒

（10）烂花绒：绒地轻薄柔挺透明，绒毛浓艳密集，花地凹凸分明，常用于女式衣裙、民族服装、装饰用布等（图 4 – 24）。

（四）毛织物

图4－24 烂花绒

1. **毛织物概述及服用性能特点**

毛织物是指用羊毛或特种动物毛为原料，以及羊毛和其他纤维混纺或交织而成的织物。毛织物的主要服用性能特点分别为：

（1）纯毛织物光泽柔和自然，色调雅致，手感滑糯，具有优异的吸湿性和弹性，良好的拒水性和悬垂性，属于高中档衣料。但羊毛比较容易受到微生物的侵蚀与破坏，故应尽量保持洁净与干燥，注意收藏环境的温度、湿度及通风条件，并加放驱虫剂或杀虫药剂。

（2）混纺毛织物具有较好的弹性和抗皱性及折裥成塑和服装保型性。

2. **常见毛织物的风格特征及其适用性**

（1）精纺毛织物：

①华达呢：呢面平整光洁，织物正反面斜纹纹路清晰而细密，手感滑糯挺括，富有弹性，色泽柔和自然。常用于外衣、风雨衣、套装、制服、大衣、便装等（图4－25）。

②哔叽：呢面光洁平整，斜纹纹路清晰，光泽自然，质地紧密适中，悬垂性好。常用于外衣、套装、夹克衫、裙装等（图4－26）。

图4－25 华达呢

图4－26 哔叽

③花呢：织物外观呈现点、条格及其他多种多样的花形图案，光泽柔和，手感紧密挺括，弹性良好，或兼有丰满软糯，疏松活络的风格。常用于套装、裙装、裤、便装等（图4－27、图4－28）。

④贡丝锦：缎纹呢面平整滑润，织纹细腻，光泽明亮，手感柔软，有丰厚感。常用于礼服、西服、套装、骑马装等（图4－29）。

⑤马裤呢：属于精纺毛织物中最重的品种，其风格特征是质地厚实，呢面光洁，手感挺实而富有弹性，常以军绿、元色、藏青和咖啡等色为主。常用于高级军用大衣、军装、猎装和春秋外套等（图4－30）。

图4－27　精纺花呢（1）

图4－28　精纺花呢（2）

图4－29　贡丝锦

图4－30　马裤呢

（2）粗纺毛织物：

①麦尔登：呢面细洁平整，手感丰满，身骨挺实，富有弹性，耐磨不易起球，色泽柔和美观。常用于冬季服装、外衣、大衣等高档服装（图4－31）。

②法兰绒：呢面细洁平整，手感柔软丰满，混色均匀，并具有法兰绒传统的黑白夹花的灰色风格，身骨较软。常用于春秋外衣、套装、便服等（图4－32）。

图4－31　麦尔登

图4－32　法兰绒

③大衣呢：保暖性好，质地厚实，根据外观风格可分为平厚、立绒、顺毛、拷花、花式等大衣呢（图4－33、图4－34）。

图4－33　兔羊绒大衣呢

图4－34　人字大衣呢

④粗花呢：织物花形美观，色泽协调鲜明，粗犷活泼，文雅大方，常用于女式时装、衣裙、西服上衣、中大衣等（图4－35、图4－36）。

图4－35　粗花呢（1）

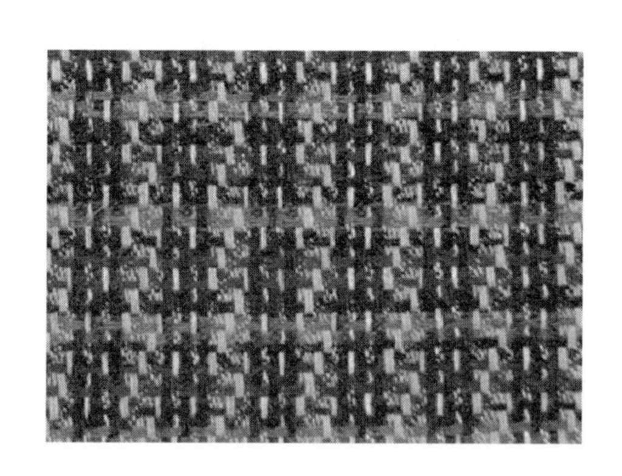

图4－36　粗花呢（2）

⑤长毛绒（梭织物）：绒毛平整挺立，毛丛稠密坚挺，保暖性好，绒面光泽明亮柔和，手感丰满厚实。常用于时装、短大衣、衣帽及衣领等服饰配件用品（图4－37）。

⑥驼绒（针织物）：质地松软，富有弹性，绒面丰满，手感厚实，轻柔保暖，常用于各种服装里料、童装、鞋帽等用料（图4－38）。

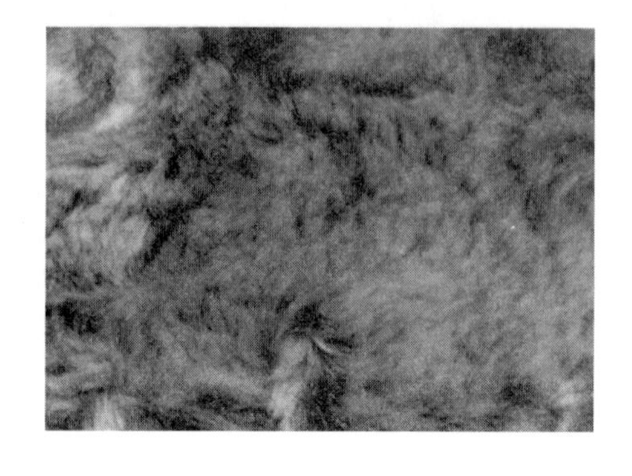

图4－37　长毛绒

图4－38　驼绒

二、化学纤维材料及其性能

(一) 化学纤维及其分类

化学纤维是指由人工加工制造成的纤维状物体。它分类如下:

1. 人造纤维

人造纤维也称再生纤维，是由天然聚合物或失去纺织加工价值的纤维原料制成的纤维。主要包括人造纤维素纤维（如黏胶纤维）、人造蛋白质纤维（如大豆纤维）、人造无机纤维（如金属纤维）和人造有机纤维（如甲壳素纤维）。

2. 合成纤维

合成纤维是由天然小分子化合物经人工合成有机聚合物后而制得的纤维，主要包括涤纶纤维、锦纶纤维、腈纶纤维等。

(二) 化学纤维制造工艺概述

化学纤维的制造方法虽然不同，但其形成过程比较接近，基本过程如下:

制备纺丝液→纺丝工艺加工→后加工→短纤维、长纤维、变形纱（丝）、膨体纱、混纤花色丝等加工。

(1) 溶液纺丝：借助某有机或无机溶剂将高聚物溶后纺丝。

(2) 熔体纺丝：物体本身经高温熔融成黏性流动液体。

(三) 常见化学纤维织物的风格特征及其适用性

1. 黏胶纤维织物

黏胶纤维织物指以木材、棉短绒、芦苇等含天然纤维素的材料经化学加工而成的织物。黏胶纤维织物具有天然纤维素纤维织物的基本性能，染色性能好，色谱全，色泽鲜艳，色牢度好，但其湿强较低。常用作夏季服装用料。

根据黏胶纤维的特点，又研制同系列的纤维产品——富强纤维与铜氨纤维。其中富强纤维织物在湿润状态下的强度提高到干态时的70%～80%，润湿伸长也比普通黏胶纤维大，故它可在水中搓洗并洗后不易变形。铜氨纤维是将纤维素溶解在铜氨溶液中得到的，它与黏胶纤维相似，但其光洁细腻，外观与蚕丝更加接近，且具有较强的抗霉性。

2. 醋酯纤维织物

由含纤维素的天然材料经化学加工而成的织物。大部分的醋酯纤维织物具有丝绸般的风格，多制成光滑柔软的织物，且吸湿性好，不易起皱，手感柔软。但其强度低于黏胶纤维，且湿强也较低，耐高温性和耐用性都较差。常用作舞台服装、服装里料等。

3. 涤纶纤维织物

涤纶纤维织物又名聚酯纤维织物，可织成各种仿丝、仿毛、仿麻、仿棉、仿麂皮等织物，是当前合成纤维中发展最快、产量最大的化学纤维织物。

涤纶纤维织物的强度较大，结实耐用，具有较优异的耐光性能，公定回潮率较低(0.4%)，容易产生静电和吸尘；它的染色性能较差（需采用特殊的染料或设备工艺条件，在高温高压下染色)；它耐一般的化学试剂和酸，但不耐浓碱的高温处理。常用作各类服装的衣料及家纺产品用料。

4. 锦纶纤维织物

锦纶纤维织物又名聚酰胺纤维、尼龙、耐纶织物，锦纶纤维织物也可根据需要而加工成不同的光泽与手感；锦纶纤维织物具有较好的染色性，颜色鲜艳，比重较小，特别是它具有优异的耐磨性及很好的强度与弹性，公定回潮率为4.5%；它耐碱不耐酸，耐日光性较差，在阳光下易泛黄且强力下降。常用于各种运动服装、风衣、外衣等。

5. 腈纶纤维织物

腈纶纤维织物又名聚丙烯腈纤维织物，腈纶织物手感柔软丰满，因酷似羊毛，又被称为“人造羊毛”。腈纶纤维织物易于染色，色泽鲜艳稳定，公定回潮率为2.0%，耐弱酸碱；由于导热系数较低且质轻，故具备较好的保暖性，特别是它具有优异的耐日光性和耐气候性，易洗快干，防虫防菌。但它易产生静电、起毛起球，强度和耐磨性不及其他合成纤维。常用于针织服装、秋冬季服装、家纺产品等。

6. 氨纶纤维织物

氨纶纤维织物又名聚氨酯纤维织物，是一种弹性纤维。氨纶纤维以单丝、复丝或包芯纱、包缠纱的形式与其他纤维混合，虽然它的含量很小，但可很好地改善混合后纱线或织物的弹性。氨纶纤维织物具有很好的染色性能，手感平滑，吸湿性较小，耐气候性和耐化学品性较好，可机洗。但其强度较低，耐热性较差。常用于运动服装、生活服装等各类服装。

7. 丙纶纤维织物

丙纶纤维织物又名聚丙烯纤维织物，丙纶纤维有蜡状手感和光泽，公定回潮率几乎为零，能产生较强的静电，触感不舒服，且染色困难，一般为原液染色。它最大的特点是比重小，质轻，具有较好的强度、耐磨性，故较耐用，同时有优良的抗化学品、虫蛀和霉菌的能力。但其耐热性、耐光性和耐气候性都较差。常用作服装的絮填料、外衣、地毯等。

8. 维纶纤维织物

是所有合成纤维中吸湿性最好的纤维，公定回潮率为4.5%～5.0%，甚至可达10%。维纶纤维织物对一般化学品较稳定，耐酸、耐碱、耐腐蚀，具有较好的耐光性，对干热也比较稳定。但其耐湿性很差，弹性较差，易起毛起球，染色性较差，色彩不够鲜艳均匀。常用于工作服、便服、服装里衬等。

三、新型高性能纤维织物

(一) 新型天然纤维织物

1. 天然彩色棉织物

可谓真正意义上的绿色环保产品，我国目前彩色棉的主要品种有绿色、褐色和棕色，由它制得的纺织品色泽柔和自然，给人以返璞归真的视觉效果。利用天然彩色棉和白棉混纺，巧妙地应用天然彩色棉的变色现象，可以设计出丰富多彩的纺织品。不足之处是天然彩色棉的色彩种类偏少，天然彩色棉的固色比较困难，这些问题目前仍在研究之中。

2. 膨松蚕丝织物

将蚕茧通过缫丝用生丝膨化剂进行处理，同时降低张力缫丝，使其具有良好的膨松性。与普通蚕丝相比，直径可增加20%～30%，可织得“重磅真丝”，并使织物柔软、丰满、挺括、不易折皱且富有弹性。

3. 改性羊毛织物

例如表面变形羊毛织物和超卷曲羊毛织物，前者主要是通过化学处理，将羊毛的鳞片剥除，使羊毛纤维直径变细，手感变软而细腻，该织物的吸湿性、耐磨性、保温性、染色性均有提高，光泽变亮。后者是利用机械或化学方法改变羊毛纤维的外观卷曲形态，提高其可纺性、成纱品质、保暖性，该类织物手感更加蓬松舒适，又称“膨化羊毛”织物。

(二) 新型纤维素纤维织物

1. 天丝（Tencel）纤维织物

利用新型纤维素纤维的加工技术获得的21世纪的“绿色纤维”。天丝纤维由于其聚合度高、结晶度高，织物具有高湿模量、干强湿强接近、易产生原纤化（呈现桃皮绒感或薄起毛风格）等特点。

2. 莫代尔（Modal）纤维织物

属新一代纤维素纤维（由山毛榉木浆制成，无污染）。莫代尔纤维分为光亮型和暗光型，其弹力较高，条干均匀，可与其他纤维混纺。莫代尔纤维织物具有棉的柔软、丝的光泽、麻的滑爽，吸水性、透气性均优于棉织物。

(三) 新型蛋白质纤维织物

1. 大豆蛋白纤维织物

属再生植物蛋白纤维类织物（以榨掉油脂的大豆豆渣为原料，经提炼加工制成，可降解无污染）。大豆蛋白纤维织物具有羊绒般的手感、蚕丝般的柔和光泽、棉纤维的吸湿和导湿性，穿着舒适且保暖。此外，还可在纺丝过程中，加入杀菌消炎类药物或紫外线吸收剂等，获得功能性及保健性的大豆蛋白纤维织物。

2. 牛奶纤维织物

所谓牛奶蛋白纤维，就是将液态牛奶去水、脱脂，利用接枝共聚技术将蛋白质分子与丙烯腈分子制成牛奶浆液，再经湿纺新工艺及高科技手段处理而成，使其内部形成一种含有牛奶蛋白质氨基酸大分子的线型高分子结构。

牛奶纤维织物重要原料是牛奶蛋白质，含有多种氨基酸，纤维织物贴身穿着润滑，具有滋养功效，质地轻盈、柔软、导湿、爽身，穿着透气，是制作儿童服饰和女士内衣的理想面料。在面料及服饰功能上，牛奶纤维与染料的亲和性，使纤维及其织物颜色格外亮丽生动，而且具有优良的色牢度。

（四）功能性纤维织物

功能性纤维通常分为三类：

第一类：对常规合成纤维改性，克服其固有的缺点，如涤纶的不吸湿。

第二类：对纤维原来没有的性能，通过化学和物理的改性手段赋予其不同的附加功能，使其更加适合于服用及装饰等目的。

第三类：具有特殊功能的高性能纤维，如高强、耐热、阻燃等高性能纤维。

1. 有机导电纤维织物

利用炭黑复合或金属化合物复合有机导电纤维，以满足纺织产品的抗静电功能。理论上可将导电短纤维混纺成高比例专用纱线嵌织于基础织物，或采用低比例混纺均匀分布两种形式。

2. 抗紫外纤维织物

在涤纶纤维内部加入无机粉末状的抗紫外母粒后制成。抗紫外线涤纶既可进行纯纺，也可与棉纱交织。前者吸湿性较差，后者具有吸湿、导湿的双重效果，服用舒适。

3. 抗菌防臭纤维织物

通常将抗菌剂以共混改性的方式加入到化学纤维中，制得持久性抗菌纤维。有机类抗菌剂广谱抗菌、毒性小，但多不耐高温；无机抗菌剂具有热稳定性强、功能持久、安全可靠、不会产生抗药性的特点，故备受重视。抗菌防臭剂包括氧化锌、氯化镁、二氧化硅、银佛石等。

第二节　服装加工技术

一、裁剪技术及其特点

裁剪是将整匹服装材料按所要投产的服装样板切割成不同形状的裁片，以供缝制工序缝制成衣。在服装生产中，裁剪是基础性工作，它直接影响产品的质量。如果裁剪质量不高，不能使衣片准确的按样板成形，就会给缝制加工造成很多困难，甚至使产品达不到设计要求。

（一）裁剪技术概述

在成衣的批量生产中，裁剪工程是确保服装质量的重要环节，在缝制工艺之前要进行验样板、排料划样、铺料、裁剪、验片、打号、包扎等工艺环节。每一个环节都必须根据布料的物理特性进行科学的管理，以达到最佳品质效果。裁剪技术中最为重要的工艺是排料划样、铺料和裁剪。

1. 排料划样

在裁剪工程中，对面料如何使用及用料的多少所进行的有计划的工艺操作称为排料，将排列的结果画在纸上或面料上的工艺称为划样，如图 4－39 所示。排料和划样是进行铺料和裁剪的前提。

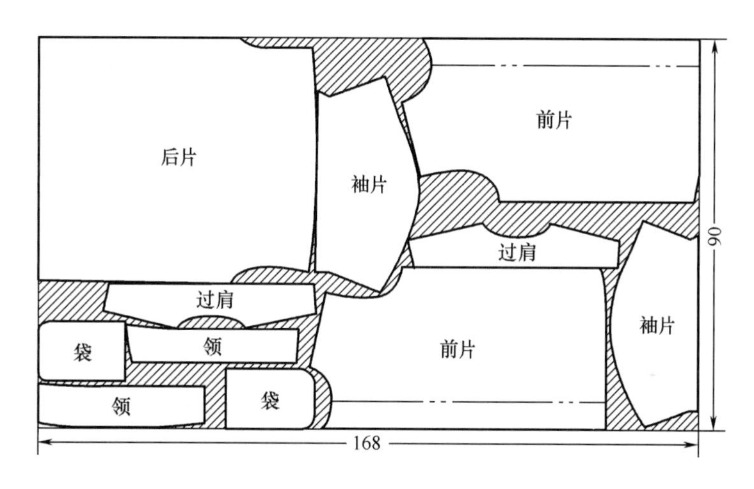

图 4－39 服装排料图

排料实际是一个解决材料如何使用的问题，排料时必须根据产品设计要求和制作工艺决定每片样板的排列位置，也就是决定材料的使用方法。排料时必须注意以下内容：

（1）面料的正反面和衣片的对称情况，服装的制作一般要求使用面料的正面，并且衣片左右对称排列。

（2）面料的方向性问题：注意经纬纱向，直裁款式按经纱方向排列，斜裁款式按 45°角排列。具有起绒、起毛和图案的布料，应注意顺毛向和图案排料，否则会出现光泽不同和手感不同的效果，极大影响服装的质量，导致疵病产生。

（3）面料的色差：在面料印染过程中，难免出现色差，因此在排料裁剪时必须对不同的染色缸号进行分段处理，此外对具有左右两边色泽不同的边色差的面料，格外注意排料位置，要将相组合的部件尽量排在一起。

（4）对条格面料的处理：排料时除了按照服装制作工艺要求外，还要保证服装造型设计的要求，条格的排列要求对称或呈一定角度的衔接都对排料有一定的影响。

（5）节约用料：排列时要本着节省用料、节约成本的原则进行。可根据先大后小、紧密套排、缺口合拼、大小搭配的原则排列。

排料的结果要通过划样绘制出裁剪图，以此作为裁剪工序的依据。划样的方式有纸皮划样、面料划样、漏板划样和计算机划样等类型。划样要求线迹清晰、顺直圆滑，无断断续续，无双轨迹，以便裁剪。

2. 铺料

铺料是按照裁剪方案所确定的层数和排料划样所确定的长度，将面料重叠平铺在裁床上，以备裁剪。不同的面料在铺布时有不同的方法和技巧，但都遵循以下工艺要求：

（1）布面平整：铺料时必须使每层材料的表面平整，不得有折皱、歪斜现象。否则裁片变形，会给缝纫工作带来困难，还会对服装效果及质量产生不利的影响。

（2）布边对齐：铺料时要求每层料布边要对齐，不能有参差不齐，否则易造成短边部位裁片尺码规格变异，造成疵片。布边里口处一般要求较严格，上下整齐，差异不得超过2mm，因为里口部位将作为排料基准边。另一边保证自然平整即可。

（3）张力均匀，力度小：要想铺料平整，必要时得施加一定的张力，用力均匀轻微，以防止内应力回缩不匀而起皱。因此，铺料时要尽量减小对面料施加拉力，防止面料的拉伸变形。

（4）方向一致，对正图案：许多材料有明显正反面或特定方向性，铺料时为保证服装穿着效果一致，材料应保持同一方向。

（5）对正条格：对于有条格的面料，铺料时要与排料工序相配合，对需要对格的关键部位使用定位挂针，把关键部位条格对准。对于有条格、花卉等图案的材料，为保证或突出设计效果，在铺料过程中按照设计要求对正图案，如图 4－40 所示，铺料时应该以幅宽最窄的一捆面料作为基础幅宽。

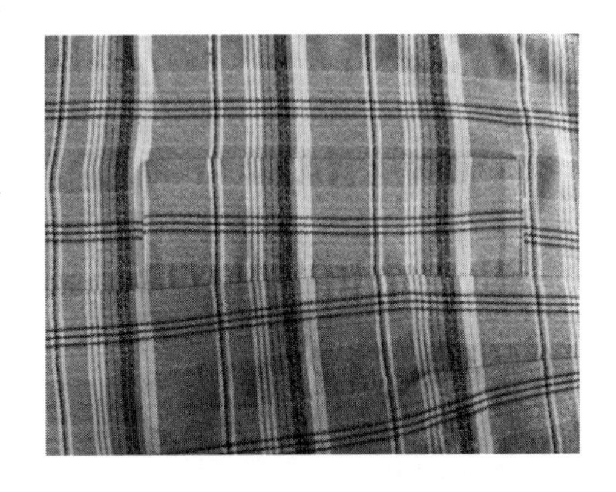

图 4－40　条格面料的对条格处理

应该注意的是，铺料和裁剪工序不能相隔时间太长，否则布料自身的回缩会影响铺料的长度。

3. 裁剪

裁剪工序是服装生产中的关键工序。在此之前所进行的大量工作能否获得实际效果，以后的各项加工是否顺利进行，都取决于裁剪质量的好坏。裁剪质量是决定产品质量与生产效益的关键。

（1）裁剪加工方式与设备：传统的手工裁剪是单纯用剪刀进行的。在服装工业生产中，为了实现优质高产，必须采取更加科学的加工方式，使用各种先进的技工设备。通常采用的裁剪方式与设备有电剪裁剪、台式裁剪、冲压裁剪、非机械裁剪、钻孔机等，如图 4－41～图 4－44 所示。

图4－41　直刀裁剪机

图4－42　圆刀裁剪机

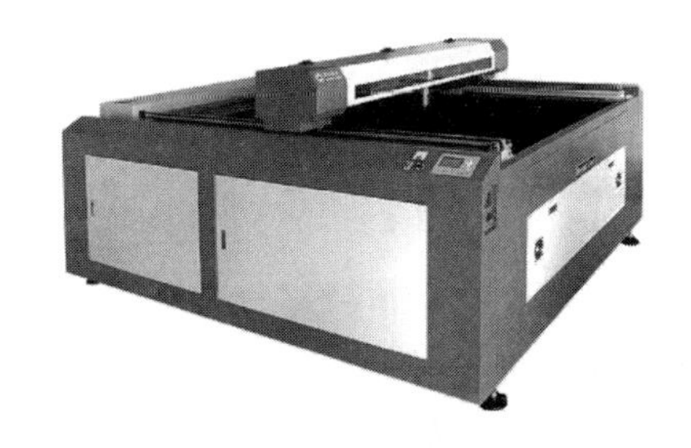

图4－43　激光裁床

电剪裁剪使用范围广泛，对各种材料和形状的裁片都能自如的进行裁剪；台式裁剪机适合裁剪小片、凹凸较多、形状复杂的衣片，对材料没有什么限制；冲压裁剪需制作模具，裁剪精度高，但成本也高，适合款式固定、产量大的产品；非机械裁剪是利用光、电、水等其他能量对面料进行切割，这种裁剪模式对切割材料有一定限制。例如，熔点较低的材料不适合采用温度较高的激光裁剪，否则会使面料切割部位变色和热融；喷水裁剪机虽温度不高，但喷出的高速水流会浸湿面料，因此在无纺布等特殊面料的裁剪中应用较多。钻孔机是对裁片中的某些部位做打孔标记，由于钻头高速旋转，温度高，故耐热性差的面料和针织面料一般不采用电钻打孔。

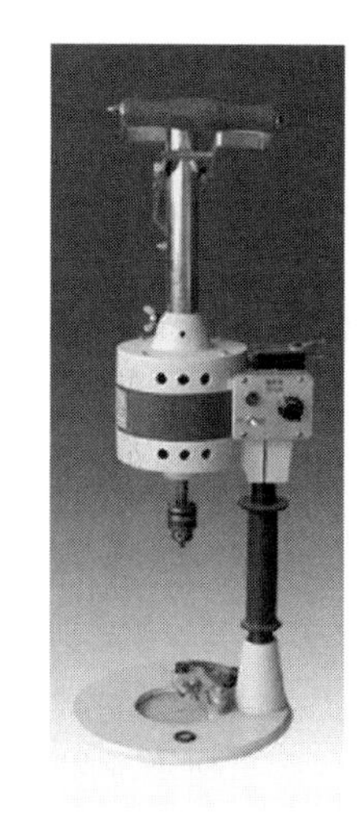

图4－44　钻孔机

（2）裁剪的工艺要求：对批量加工的服装往往需要根据服装的规格尺寸和数量分床裁剪，按照样板方向部位合理排料，裁剪时各层衣片间的误差应符合规定。服装工业裁剪最主要的工艺要求是裁剪精度要高。

为保证衣片与样板的一致，必须严格按照裁剪图上画出的轮廓线进行裁剪，使裁刀正确划线进行切割。裁剪方法不正确不仅会使成衣造型完全偏离设计，而且造成很大的浪费。在批量加工时，会给生产者带来很大的损失。

一般裁剪应正确掌握以下要求：正确的开裁顺序，即先横断后直断、先外口后里口，先零小料后整大料，逐段开刀，逐段取料。

裁剪用刀注意：凡衣片拐角处，应以角的两边不同进刀开裁，而不可以连续拐角裁，以保证精确裁剪。左手压扶材料，用力均匀柔和，不可倾斜，右手推刀轻松自如，快慢有序。裁剪时要保持裁刀垂直，以免各层衣片产生误差。保证裁刀始终锋利，裁片边缘光洁顺直。打刀口时定位要准，剪口不得超过 3mm 且清晰持久。另外，裁剪时裁刀温度不可过高，特别是合成纤维，高温易使裁片边缘产生焦黄、粘连等现象，同时还会引起刀片粘污。

（二）不同衣料的裁剪要点

裁剪工程中各工序质量的优劣直接影响服装的整体质量，尤其当衣料的性能改变时，其工艺也应相应改变。在裁剪工程中针对不同的面料还需要注意以下问题：

（1）强捻精纺毛料、人造丝面料等衣料易产生缓和收缩，通常要进行预缩整理加工，这样可以避免衣料中的丝缕歪斜、条格和花样走形，也能改善衣料的手感。经过预缩处理的布匹应避免再度进行筒卷。此外，在铺料过程中要注意避免因衣料受日光直晒而导致湿度减少，从而产生收缩与变形，也应避免在铺料过程中过分拉伸衣料而人为造成衣料变形。

（2）针织面料和弹性较大梭织面料为避免产生拉伸变形，铺布前要先将面料散开，放置 24 小时以后再进行裁剪，使面料本身之间的应力充分回缩，铺布长度不宜过长，划样时距离布边的针孔再向内收一些，以保证衣片的尺寸不受面料性能的影响。

（3）丝绒类衣料质地柔软，易滑动，裁剪时不易找到正确的丝缕方向，通常以抽纬纱的方法来确认。由于具有毛向，需单方向排料，因此在用量上需充分考虑布料的余量。丝绒在裁剪时易移位，在工业裁剪中尽可能减少铺料层数，并适当加大缝份。

（4）裁剪蕾丝面料时，若利用蕾丝做衣下摆或裙边，由于衣长或裙长不能调节，因此在裁剪时应适当加大衣片下摆的缝份宽度，以防止尺寸在缝制时发生短缺。在进行花边拼接时还要充分考虑花纹的延续性，通常取曲线的凹部为宜。

（5）轻薄型织物表面光滑，找准布丝是铺料的关键，有时会采用抽丝的方法来找准布丝，在铺料时的最下层垫纸后再进行裁剪也更适合薄型织物；单量单裁时对于薄型面料还可以采用喷湿的方法来避免面料的滑移。

（6）皮革在裁剪时，应将样板置于皮革的反面，对准纹路，然后沿样板划样，皮革面料的裁剪工具一般用划刀或剪刀，裁片的切面应尽量保持直角。裁剪前应仔细观察皮革的颜色、光泽、厚度及损伤等性状，将高质量的革料安排在服装的主要部位，如前片、领子、大袖上，较差质量的革料用在服装不显眼的部位。

二、缝纫技术及其特点

（一）缝纫技术概述

缝纫就是将平面的衣片缝合，使之成为适合穿着的立体服装。目前服装制作的主要方式是用线进行缝合，缝纫线只有依靠针和生产设备的相互配合才能实现缝合衣片的目的。任何类型面料的缝制都必须选用合适的针、缝纫线和生产设备，这样才能达到较好的缝纫效果。

1. 针的种类及选用

工业用缝纫针按照用途可分为平缝针、绷缝针、包缝针、绣花针、钉扣针等种类，每种针包括多种规格，在长度、细度上有所变化，用来加工不同的面料。

据工业用机针的针尖形状有普通针尖、抛物线形针尖和球形针尖之分（图4－45）。缝纫机高速运行时，机针与面料剧烈摩擦，会产生大量的热，使机针温度上升，据测定，当缝纫机车速达到1200r/min时，缝纫机针的温度可达到217～219℃。而一般纺织纤维的耐热温度都在130～250℃之间，服装面料和缝纫线在机针这样高的温度作用下，会产生严重的损伤。相比较普通针尖，抛物线形针尖的机针有利于针的散热。而球形针尖可以避免刺穿纱线，防止切断面料纱线，起到保护面料的作用。但选择球形针尖时，针尖头的球径不能过大，否则会对面料产生压迫力而引起起皱现象。一般球形针尖头的球径是面料织线线径的0.7～1.4倍为宜。

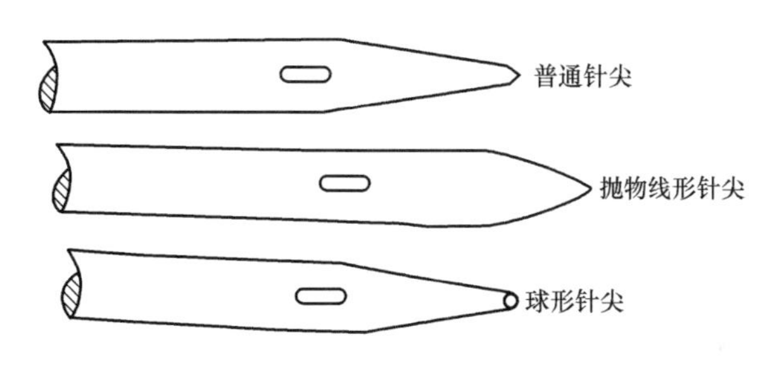

图4－45 针的种类

缝纫机机针的规格是用号数表示的，不同规格的针，主要区别在于针的直径大小，号数越大，针越粗。常用针号有7、8、9、10、11、12、13、14、15、16。在生产中，要求缝纫机针的粗细合适，缝制厚的面料要选择号数大的粗针，缝制薄面料要选择针号小的细针。用细针缝厚面料会由于细针的强度小而容易折断，也会由于针的刚度较小，产生震动或变形，造成跳线，影响加工质量。用粗针缝薄面料会出现明显的针孔，影响外观，甚至会损伤面料。

2. 缝纫线的种类和选用

缝纫线是重要的服装辅料之一。性能优良的缝纫机必须配以综合性能良好的缝纫线方能获得理想的缝纫效果。高速缝纫对缝纫线的各项指标提出了更高的要求，如强度的均匀性，条干的均匀性，纱疵少、表面润滑光洁，良好的柔软、可挠性、耐磨性，合理的捻度及良好的捻度稳定性，接头少、缩水率低、色泽均匀等。以上性能将极大地影响缝线的可缝性及线缝强度（图4－46）。常用的缝纫线种类如下：

图4－46 锁眼机及锁眼用缝纫线

（1）棉缝纫线：以棉纤维为原料经炼漂、上浆、打蜡等环节制成的缝纫线。棉缝纫线又可分为无光线（或软线）、丝光线和蜡光线。棉缝纫线强度较高，耐热性好，适于高速缝纫与耐久压烫。主要用于棉织物、皮革及高温熨烫衣物的缝纫，而缺点是弹性与耐磨性较差。

（2）蚕丝线：用天然蚕丝制成的长丝线或绢丝线，有极好的光泽，其强度、弹性和耐磨性能均优于棉缝纫线。适于缝制各类丝绸服装、高档呢绒服装、毛皮与皮革服装等。

（3）涤纶缝纫线与涤棉缝纫线：涤纶缝纫线用涤纶长丝或短纤维制造，具有强度高、弹性好、耐磨、缩水率低、化学稳定性好。但熔点低，高速易熔融、堵塞针眼、易断线，应注意机针的选用。涤纶缝纫线主要用于牛仔服、运动装、皮革制品、毛料及军服等，是目前用得最多、最普及的缝纫线。涤棉缝纫线通常采用65%的涤纶、35%的棉混纺而成，兼有涤和棉的优点，强度高、耐磨、耐热、缩水率好，主要用于全棉、涤棉等服装的高速缝纫。

（4）锦纶缝纫线：用纯锦纶复丝制造，分长丝线、短纤维线和弹力变形线。目前，常用的是长丝线，它具有延伸度大、弹性好，其断裂瞬间的拉伸长度大于同规格的棉线三倍。用于化纤服装、呢绒服装、皮革服装及弹力服装的缝制。锦纶缝纫线最大的优势在于透明，由于此线透明，色性较好，因此降低了缝纫配线的困难，发展前景广阔。不过限于目前市场上透明线的刚度太大，强度太低，线迹易浮于织物表面，加之不耐高温，缝速不能过高。目前这类线主要用作贴花、缲边等不易受力的部位。

（5）维纶缝纫线与腈纶缝纫线：维纶缝纫线是由维纶纤维制成，它强度高，线迹平稳，主要用于缝制厚实的帆布、家具布、劳保用品等。腈纶缝纫线通常由腈纶纤维制成，捻度较低，染色鲜艳，主要用作装饰和绣花。

（6）包芯缝纫线：包芯缝纫线是以长丝为芯，外包天然纤维制成，强度取决于芯线，耐磨与耐热取决于外包纱，主要用于高速及牢固的服装缝纫。

3. ***衣料与针线的关系***

表4－2中列举了一些常用材料与针线的配用关系，由于各类衣料的结构和特性都不尽相同，因而在选择针线及线迹密度时应进行多次试验以寻求最佳的缝纫效果。

表4－2　常用材料与针线的配用表

<table>
<tr><th colspan="3" rowspan="2">衣料缝纫条件</th><th colspan="3">平缝</th><th colspan="3">特殊缝纫</th></tr>
<tr><th>缝线（S）</th><th>机针（#）</th><th>针距（针/3cm）</th><th>缲边线（S）</th><th>锁眼线（S）</th><th>手针（#）</th></tr>
<tr><td rowspan="2">棉麻类</td><td>薄型</td><td>纱布
巴厘纱
上等细布</td><td>棉丝光线80～100
涤纶线90</td><td>9</td><td>13～15</td><td>棉丝光线80～90
涤纶线90</td><td>棉丝光线50、60
涤纶线90</td><td>8、9</td></tr>
<tr><td>普通</td><td>细、中平布
府绸</td><td>棉丝光线60、80
涤纶线60</td><td>11</td><td>14～16</td><td>棉丝光线60、80
涤纶线60</td><td>棉丝光线40、50
涤纶线60</td><td>7、8</td></tr>
</table>

续表

衣料缝纫条件			平缝			特殊缝纫		
			缝线（S）	机针（#）	针距（针/3cm）	缲边线（S）	锁眼线（S）	手针（#）
棉麻类	厚型	厚型牛仔布 坚固呢 帆布	棉丝光线 60、80 涤纶线 60	11、14	14～16	棉丝光线 40、50 涤纶线 60	棉丝光线 20、30 涤纶线 30	6、7
丝绸类	薄型	绢 乔其纱 薄纺	丝机缝线 60、100 涤纶线 80	7、9	13～15	丝机缝线 60、100 涤纶线 80	丝机缝线 60 涤纶线 60	9
	普通	双绉 素绉缎 双宫绸 绢纺	丝机缝线 60、100 涤纶线 80	7、9	14～16	丝机缝线 60、100 涤纶线 80	丝机缝线 50 涤纶线 60	9
	厚型	重绉 织锦缎	丝机缝线 60 涤纶线 60	9、11	14～16	丝机缝线 60 丝手缝线	丝锁缝线 40	8、9
毛	薄型	派力司 凡立丁 高支毛料	丝机缝线 60 涤纶线 60	11	13～15	丝机缝线 60 丝手缝线	丝锁缝线 40	8
	普通	华达呢 哔叽 薄、中花呢	丝机缝线 60 涤纶线 60	11	14～16	丝机缝线 60 丝手缝线	丝锁缝线 40	7、8
	厚型	粗花呢 麦尔登 大衣呢	丝机缝线 50 涤纶线 50	11、14	14～16	丝机缝线 60 丝手缝线	丝锁缝线 40	6、7
化纤、交织、混纺	仿真丝	涤丝雪纺 涤丝双绉	丝机缝线 60 涤纶线 60、80	9	14～16	丝机缝线 60 涤纶线 60、80	丝机缝线 40 丝锁缝线 40	8、9
	仿棉	人造棉		11	14～16	棉丝光线 60 涤纶线 60、80	棉丝光线 40 丝锁缝线 40	7、8
	仿毛	仿毛华达呢 仿毛花呢 粗纺腈纶呢	丝机缝线 50 涤纶线 50、80	11	14～16	丝机缝线 60 丝手缝线	丝锁缝线 40	7、8
针织	薄型	真丝针织	针织用弹力线	7、9	14～16	针织用弹力线	丝锁缝线 40	8、9
	普通	棉针织汗布 棉珠地网纹		9、11				
	厚型	棉针织绒布 针织提花布（横机）		11	14～16	针织用弹力线 手缝线	丝锁缝线 40	8
皮革		天然皮革	丝机缝线 50 皮革专用强捻线 40～60	14～16	11～12	皮革专用强捻线 40～60 手缝线	丝锁缝线 30、40	皮手缝针
		人造皮革						

图 4－47　缝纫滑脱现象

（二）缝纫工艺中易产生的问题及对策

1. 缝纫滑脱

缝纫滑脱，即为衣料经缝合后，由于织物结构疏松、交织阻力较弱，缝份在外力（拉伸、穿脱）作用下发生位移而产生的纰裂现象，如图 4－47 所示。

易发生缝纫滑脱的材料有：无捻长丝织物（光滑类），如真丝、黏胶丝、醋酯丝及各类合纤丝织制的织物，典型的衣料为真丝缎、真丝斜纹绸、涤丝纺、尼丝纺、塔夫绸等。紧密度稀疏且纱线细弱的织物，如真丝绡、雪纺等。组织交织点少的织物，如缎纹织物，经纬纱粗细差异较大的织物，经过柔软处理的织物。为有效减少缝纫滑脱现象，依据衣料性状，在缝纫方法上，可选择如粘牵带衬、来去缝、双来去缝等方法。在锁眼处理上，可运用黏衬，或在锁眼的刀眼处缝线等措施，在局部加强锁眼处的面料强度，较厚的织物可通过适当加宽锁边宽度，或适当上浆处理，亦可采用扣环、按扣、装饰扣等设计，以降低由于缝纫滑脱现象而影响服装质量。

2. 缝纫起皱

缝纫起皱是指衣料在经过缝合后所产生的有规律的缩缝起皱现象，是一种常见的缝纫问题，如图 4－48 所示。缝纫起皱的主要因素有：缝纫用线、针的粗细以及针距与衣料不匹配，缉缝时走针歪斜，被缝合的两片布料丝缕弧度不一致或由于湿度的变化等而引起的缝线收缩现象。

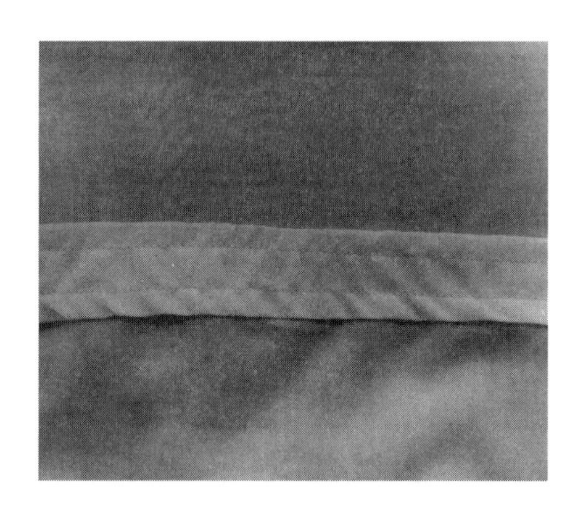

图 4－48　缝纫起皱现象

易产生缝纫起皱的衣料有：所有的高密度织物；强捻纱线织成的织物，如双绉面料；经纬组织交织点少的织物，如缎纹面料；薄型织物，如乔其纱、雪纺等。

对易产生缝纫起皱的面料应尽可能选择细的针和线；适当放宽针距；适当放松上线，使用上下差动送布缝纫机，控制或减少上下布片因送布时所造成的差异；尽量避免运用缉明线等工艺，尽可能减少分割线，并在样板设计中适当减少缝份的吃势，调整样板曲线的弧度。在缝合较长的结构线时，应在样板上尽量减少衣片之间因弧线的差异而导致的缝纫起皱。

（三）不同衣料的缝制要点

在服装生产以前，应根据服装产品要求和衣料的性能，选择合适的针、线和设备进行缝纫试验，以确定合理的缝纫条件和工艺。为避免缝纫中出现影响服装质量的现象，需注意以下问题：

1. 厚型梭织物

除选用较粗的针之外，其缝纫线的缩水率也应与面料的缩水率尽量一致。缝制时压脚压力调大，送布牙略调高可保证良好的缝纫效果。

2. 薄型梭织物

选用较细的针，通常为 9 号和 11 号针。缝制时应将压脚和送布牙更换成塑料材质，以避免缝制皱缩的现象和面料的损伤。薄透类衣料通常要避免用点线器在裁片上做记号，划粉也易留下痕迹，除采用消失笔外，在缝制前可采用打线丁的方式来做标记，并作假缝处理。此外，缝制薄透类衣料也可采用来去缝、密拷等工艺来提高服装的整体质量，如图 4－49、图 4－50 所示。

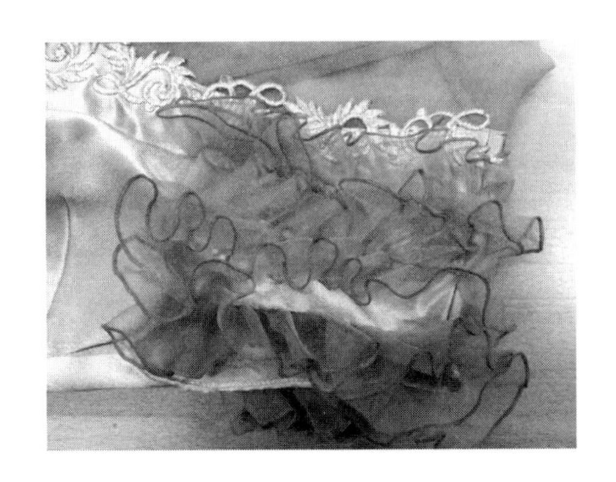

图 4－49 薄透类衣料的密拷工艺

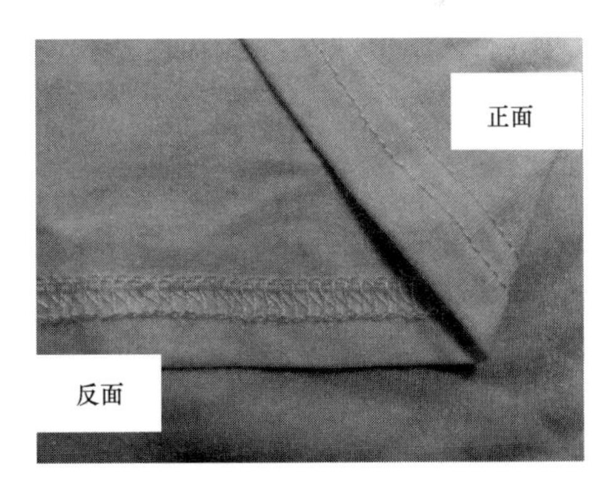

图 4－50 针织衣料上绷缝线迹的正反面

3. 针织物

裁好针织面料后不宜放置时间过久，否则会加重卷边现象。缝纫时常采用绷缝机、4 线或 5 线包缝机等专用设备缝制，针号不宜过大，薄形的织物最好选用较细的针，选用球形针尖的针对于针织物的缝制最为适宜。可使用较小的缝纫压脚或减弱压脚压力，以减少对衣料蓬松性的影响。在缝合过程中，易产生拉伸，可采用加牵条等措施。对需用黏合衬的针织服装，应考虑选用伸缩性良好的衬料。由于针织衣料的毛边卷边现象，常在口袋、锁眼等部位使用黏合衬。

4. 蕾丝

缝制蕾丝时，选用较细的 9 号和 11 号针，针距控制在 14～18 针/3cm。选用跟蕾丝相同性质的缝纫线，如棉蕾丝布通常用 60～80S 棉蜡光线，合纤蕾丝布用 60S 的涤纶线，丝蕾丝布可用 60～100S 的丝机缝线。若为针织蕾丝或网状蕾丝，通常在缝制时要垫上 2cm 宽的薄纸，以防止蕾丝中的纱线在缝纫过程中产生位移或拉伸。此外，用蕾丝做服装不适合拉链式开口和直接锁眼，通常可处理成挂钩或在里料上安装拉链，也可利用蕾丝的边缘装饰来遮挡里面的拉链。

5. 丝绒等起绒织物

缝制丝绒类织物时，选用较细的 9 号和 11 号针，针距控制在 13 ~ 15 针/3cm。此类衣料的缝制难度较大，超出 50cm 长的缝合线易产生缝线歪斜，处理较长的缝迹时，可将裁片悬挂 24h，在自然悬垂的状态下做出缝合记号，并手针假缝固定。

6. 皮革

缝合时宜采用 14 号针，针距密度为 11 ~ 12 针/3cm，缉明线时针距密度为 8 ~ 9 针/3cm。为减少对皮革面料的损伤，可采用塑料压脚进行缝制。缝纫的起始处不打倒回针，将线头穿入反面后打结，要求一步到位缝制好，不能反复拆线。

三、熨烫技术及其特点

熨烫技术是指利用织物湿热定型的基本原理，以适当的温度、湿度、压力和时间等来改变织物的密度、形状、式样和结构的工艺过程，也是对服装材料进行预缩、消皱、热塑性和定型的过程。

（一）熨烫的作用和分类

1. 熨烫的作用

要达到平面衣片向立体的完美转化，除运用缝纫工艺中的收省和打褶以外，熨烫加工对服装立体造型的塑造非常重要，其主要作用表现在以下五个方面：

（1）原料预缩和整理：服装面、辅料在裁剪以前，尤其是棉、毛、丝、麻等天然纤维织物，要通过喷雾、喷水熨烫等不同方法，对面、辅料进行预缩处理，并去除衣料折皱，为排料、划样、裁剪和缝制创造条件。

（2）黏合：许多服装（如西装）需要在一些部位加固一层或几层衬，以增加服装的身骨与挺括。衬里往往都是利用热熔黏合的原理，通过压烫将黏合衬布与服装固定为一体的。热熔黏合只需要在一定温度、压力的作用下，经过一定的时间来完成。在大批量服装生产作业中，一般都是采用专门的热熔黏合机来完成，这种方法效率高、质量好且稳定。而在小批量的生产作业中，则往往采用熨斗及部分夹烫机械来完成，如图 4 - 51 所示。

图 4 - 51　热熔黏合机黏合衣片

（3）热塑变形：利用衣料的热塑变形原理，采用推、归、拔等熨烫技术，适当改变衣料纤维的伸缩度及衣料纬组织的密度和方向，塑造服装的立体造型，弥补结构制图没有省道、撇门及分割设置等造型技术的不足，使服装符合人体美观和舒适的要求，如图 4－52 所示。

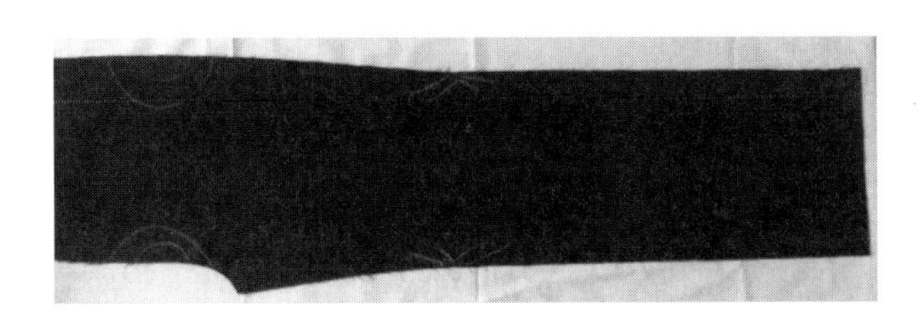

图 4－52 裤片上的推、归、拔、熨

（4）定型、整型：为了提高服装的缝制质量，降低缝制时的难度，在半成品的缝制过程中，衣片的很多部位要按照工艺的要求进行平分、折扣、压实等熨烫操作，如折边、扣缝、分缝烫平（图 4－53）、烫实等，以达到衣缝、褶裥平直，贴边平薄贴实等持久定型。对成品服装的整型熨烫，可使服装达到外形平整、挺括、美观、适体等立体外观形态。

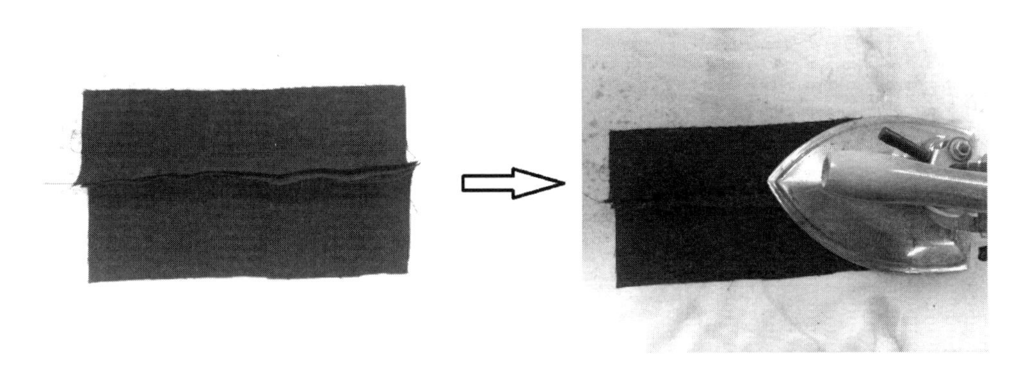

图 4－53 服装的分缝熨烫

（5）修正弊病：利用织物中纤维的膨胀、伸长、收缩等性能，通过喷雾、喷水熨烫，修正服装在缝制中产生的缺陷。例如，对缉线不直、弧线不顺、缝线过紧所造成的起皱，小部位松弛形成的“酒窝”，部件长短不齐，止口、领面、驳头、袋盖外翻等缺陷，都可以通过熨烫技巧给予修正，以提高服装质量。

2. **熨烫的分类**

熨烫按其在制衣工艺流程中的作用可以分为：产前熨烫、黏合熨烫、中间熨烫和成品熨烫，如图 4－54 所示。产前熨烫是在裁剪之前对服装的面料或里料进行的预处理，以保证裁剪衣片的质量；黏合熨烫是对需用黏合衬的衣片进行黏合处理，使服装挺括不变形；中间熨烫包括部件熨烫、分缝熨烫和归拔熨烫，一般在服装缝纫的工序之间进行，它是构成服装总体造型的关键，对于服装质量起着重要的作用；成品熨烫又称整烫，它是对缝制

图 4－54 中间熨烫：熨烫贴袋缝份

完成的服装作最后的定型和保型作用，并兼有成品检验和整理的功能。

熨烫按其定型效果所维持的时间长短可以分为暂时性定型、半永久性定型和永久性定型。熨烫按其所采用的作业方式可分为手工熨烫和机械熨烫。手工熨烫是通过电熨斗使织物受热，再配合归、拔、推等工艺技巧而达到塑造服装立体造型的目的。机械熨烫则是利用蒸汽熨烫机喷出的高温高压蒸汽对织物加热给湿使纺织纤维变软可塑，达到较好的熨烫效果。

（二）熨烫的条件

熨烫主要受温度、湿度、压力和时间等因素的影响。

（1）熨烫温度：是影响熨烫效果的主要因素。纤维的状态随温度变化而变化，织物在低温时，纤维分子结构比较稳定，其分子链的相对运动较困难，随着温度的升高，分子链的相对运动就开始变得相对容易，此时织物变得柔软，在外力的作用下就易产生变形。这种按照工艺要求产生的变形通过冷却固定下来，就达到了熨烫定型的目的。

（2）熨烫湿度：作用是使纤维润湿、膨胀、伸展，在潮湿情况下，由于水分子进入纤维内部纤维分子之间，增大分子间距离并对分子链之间的运动起润滑作用，使纤维膨胀、伸展，变得柔软且易于变形，从而进一步改变纤维特征，给熨烫加工提供变形或定型的条件。

（3）熨烫压力：也是必不可少的条件，由于大多纤维都有一个明显的屈服应力点，如果外力超过这一点，就会使织物产生变形。

（4）熨烫时间：由于织物的导热性差，即使是对很薄的织物，上下层的受热都有一定的时间表，因此熨烫时都要有一定的延续时间，才能达到熨平或定型的目的。

以上温度、湿度、压力等几个条件可使织物达到变形，但定型不能在加热过程中产生，而是在冷却中实现的。对于熨烫后的冷却方式，则是根据服装材料性能以及熨烫方式的不同而不同，一般使用的有自然冷却、冷压冷却以及抽湿冷却等。熨烫后采用合理的冷却方式，可提高定型效果。

（三）熨烫的特点

（1）熨烫技术受温度、湿度、压力及时间等因素的影响。综合各条件，可以对熨烫时间进行微调。一般情况下，整烫的温度高，熨烫的时间就相对较短，反之则时间长；面料的湿度大，熨烫的时间较长；压力大一些，熨烫的时间就会略短。只有在温度、湿度、压力等条件运用恰当的情况下，适当延长熨烫时间，才能使服装达到较好的定型效果。

（2）熨烫效果受织物性能的影响，操作时应根据面料或辅料的种类、性能、熨烫目的和所烫部位选择适当的熨烫方式和条件。

（3）熨烫技术受操作者的影响较大，尤其是手工熨烫，操作者对服装造型的理解，以及其对推、归、拔等技术的掌握程度都会影响熨烫效果。

熨烫技术是一个塑造织物特性、达到服装特殊形态的工艺手段，具有一定的可调节性，将客观条件和人为技术的完美结合可以达到良好的造型效果。

（四）不同衣料的熨烫要点

不同衣料在熨烫时各有不同，需根据衣料性能选择适当的熨烫温度、湿度和压力，以达到最佳的熨烫效果。

1. 厚型梭织物

此类衣料通常要进行蒸汽预缩，可隔布熨烫或蒸汽熨烫，对于易产生极光的面料，可在熨烫上套塑料套来降低温度。

2. 薄型梭织物

只能轻烫，一些真丝面料要避免使用蒸汽熨烫，可加盖垫布烫。

3. 针织物

针织物由于其线圈结构容易拉伸变形，熨烫时不能有拉力，不能拉伸。在裁剪之前，须对面料进行蒸汽整理，避免熨斗直接压在布料上，以免发生极光或破坏衣料的蓬松状态。一般以低温整理为佳，常规温度在100～130℃。

4. 起绒织物

顺毛向熨烫，或者挂烫，也可选择针板烫。在铺料裁剪前，可将衣料朝里对折，在反面均匀的喷蒸汽，待衣料湿气去除并冷却后方可消除在运输中由于折叠而产生折印和色光。在熨烫中要格外小心，避免绒面直接接触熨斗，也应避免高温干烫或过度用力。布面整理以蒸汽喷烫为宜。在分缝熨烫时，需在烫台上垫上特殊丝绒熨烫针板垫，先喷上蒸汽，再用同色丝绒作为垫布进行熨烫，不要过重挤压布面，以免出现倒毛现象。

5. 皮革

若皮革衣料原有折痕、皱纹及波纹等，可仔细观察革面纹路，以90～110℃的低温按革料的自然纹路沿背面纹路呈放射状进行干烫整理。熨烫时以反面熨烫为宜，必要时可对正面做垫布熨烫。皮革的分缝或翻边的折叠处理，通常将衣片搁置在木板上，用牵条固定缝头，合缝后用双面胶或胶水将缝份和衣片黏合，并用榔头轻敲，保证服装的平服度，或用低温干烫。

本章小结

服装材料的性能与其加工技术是紧密相关的，不同种类、性能的服装材料其裁剪、缝纫与熨烫的要求是不一样的。本章在详细介绍常见服装材料种类的基础上，依次阐述了它们的风格特征及其在服装上的适用性。并基于不同服装材料的性能，从服装加工技术的角度出发，分别就服装加工过程中经常遇到的裁剪、缝纫和熨烫等问题展开讨论，将适用于不同服装材料的对应加工技术要点做了较深入地对比分析。

思考题

1. 阐述棉、麻织物的主要类别。
2. 举例说明棉、麻织物的风格特点与其服装的适用性。
3. 阐述丝、毛织物的主要类别。
4. 举例说明丝、毛织物风格特点与其服装的适用性。
5. 阐述人造纤维织物、合成纤维织物的主要类别及其风格特征。
6. 举例说明新型服装材料的种类及风格特点与其服装的适用性。
7. 对条对格面料排料划样的工艺要求如何？
8. 简述雪纺面料裁剪、缝制和熨烫时的注意事项。

第五章

服装造型与服装材料应用

课题名称：服装造型与服装材料应用

课题内容：本章主要围绕着对服装造型的概念、服装材料特性与造型效果之间关系、服装材料造型设计技法进行重点介绍。在此基础上，对各种各样的、经典类别服装的材料造型设计和选用特点进行详细地分析，强调了服装材料应用与服装造型之间的对应关系。

课题时间：20课时

训练目的：使学生对服装造型设计的相关基础知识有所掌握，并了解不同材料在造型方面的性能。同时，掌握一些服装材料进行面料再造和立体造型的基本技法。

教学方式：多媒体教学及设计作品相结合，理论联系实际。

教学要求：理论与赏析教学8课时，练习12课时。

学习重点：

（1）服装造型的概念、服装材料特性与造型效果之间关系、服装材料造型设计技法。

（2）经典类别的服装的材料造型设计和选用特点。

第一节　服装造型概述

从设计概念的形成到样板的制作，从材料的选用，到制作过程中的整烫工艺和后整理，每一个环节都必须在共同的服装造型指导下才能得以进行。由此可见，服装造型的构成因素是非常复杂的。

一、服装造型与服装整体视觉效果

服装造型是指存在于人们视觉体验中的服装整体印象，在英文中通常以“Silhouette”来表示服装造型的概念，意为轮廓、廓型。而就不同的服装廓型所表达出来的不同风貌、样式，则可以用“Look”“Style”来表示。服装造型是营造视觉体验中服装整体印象的决定性因素。

古希腊、古罗马时期的缠裹样式造就了服装混沌的造型；中世纪时期，省道的出现，服装收身贴体的概念成为可能，略呈现A型的服装样式成为主流样式；文艺复兴时期，服装则朝着前所未有的X造型发展，并在巴洛克时期、洛可可时期，借助于紧身胸衣、衬裙，达到了空前的庞大体积；浪漫主义时期的高腰样式，呈A造型，显得女性圣洁、优雅。

20世纪50年代，法国高级女装设计大师克里斯汀·迪奥（Christian Dior）就在法国高级女装的设计中上演了“前无古人、后无来者”的服装造型的视觉盛宴。在他的设计中，根据不同服装外造型所呈现出来的不同风貌将服装造型进行分类，总结出A、X、O、H、T五大造型，不仅如此，在他自己的高级女装设计中，则不断尝试各种各样的服装造型，如拱门形、埃菲尔铁塔形、翼形、茧形等（图5－1）。

而A、X、O、H、Y五大造型与不同时期的流行风貌还存在着必然的联系。例如，20世纪20年代由保罗·波烈（Paul Poiet）、可可·夏奈尔（Coco Chanel）所倡导的H造型，摈弃了19世纪之前紧身胸衣禁锢下的、追求纯装饰效果的花瓶般的女性化特质造型，取而代之的是体现女性独立、低调柔美的直腰身“男孩风貌”，这一时期，夏奈尔女士创造的经典小黑衫则成为H造型的经典样式，呈现了低调神秘、职业干练的新女性形象。在克里斯汀·迪奥的倡导下，20世纪50年代重新回归了19世纪以前的X造型，与先前服装的拖沓、繁琐相比，迪奥设计的X造型更显女性的性感、妩媚、时尚、端庄。1947～1957年，在迪奥先生去世之前的十年间，他为高级女装界做出了不可磨灭的贡献。A造型则可以体现少女青春靓丽的一面，与20世纪60年代以战后生育高峰出生的叛逆一代为代表的“年轻风暴”有着千丝万缕的联系。20世纪50年代法国著名的设计大师巴伦夏加所倡导的“箱型”具有强烈的O型风貌，宽松的腰身、柔和的肩部线条，将藏匿于服装造型之下的女性躯体表现得更加神秘莫测。Y造型，也有的表示为T造型，主要指强调了肩部造型、体现男性化阳刚之气的服装，尤指一些职业正装，通过服装彰显女权运动的20世纪80年代则是Y造型服装达到登峰造极的时期，女性通过穿着夸张肩部的男式西装，追求

图 5 – 1　克里斯汀·迪奥的 X 型、Y 型和 A 型设计

全社会对女性角色的认可。

由此可见，服装造型的视觉感不仅来自于设计师的天马行空的想象，还与造型所处的时代背景和着装诉求有着密不可分的联系。

二、服装造型解析与重构

服装造型需要凭借平面纸样设计的方式或者立体裁剪的方式，基于人体各部位的造型需要进行解析与重新建构。在这个过程中，前期的设计概念可以转化成为物化的结构语言。

在这一过程中，需要解决两个重要的问题：

（1）人体各部位之间的协调匹配——胸腰臀之间的差值，肩臂之间、衣身与衣领之间的衔接，这是纸样构成需要解决的基础问题。

（2）根据服装的整体廓型和细部造型要求、人体动静态的不同穿着需求，对人体相应部位进行对应调整，这是纸样构成需要解决的核心问题。通过这些尺寸的协调与匹配，可以在服装材料与人体之间建构起一个舒适的空间。

三、服装造型的确定依据

认为只要有完美的设计概念和精湛的纸样设计就可以完成一款服装造型塑造的全部，是大错特错的。在完美的设计概念和纸样设计完成之后，选用合适的材料来体现相应的服装造型则成为一件服装成败的关键所在。很多时候，由于没有选到具有相应造型特点、相应色彩和图案的材料，而使得很好的设计概念无从体现。因此，服装造型的确定需要以不同材料的特性及其对应的造型特点为依据。

在服装立体裁剪的过程中，就要求设计师从白坯布开始掌握人体各部位的造型塑造要求，并且在各种不同质地坯布的面料特性要求下——悬垂感、柔软度、厚度等，针对不同的款式造型进行选取。

当使用坯布进行服装款式的立体裁剪时，首先，要选用与最终面料之间性能接近的坯布，以模拟最终面料的外观效果。其次，在此基础上，进行立体裁剪、反复修板后，才能选用最终面料来制作服装。

四、服装造型效果的强化

必要的制作工艺和后整理手段可以强化服装造型的外观效果。在服装加工制作过程中，在选用合适的纸样结构、材料的前提下，还可以在制作过程中通过黏附黏合衬、填充絮填料等方式来增强服装造型的强烈廓型感。而在后整理工程中，通过熨烫、打磨、砂洗、水洗等工艺手法，来增强面料的硬挺度、柔软度和手感，以获得更加自然或者更具有视觉冲击力的服装造型效果。很多牛仔服都在服装加工制作完成后，会进行水洗、砂洗，有的甚至会在膝部、大腿、袖肘等部位故意打造磨毛、残缺、破损等效果，以显现牛仔服穿着者的沧桑感。此外，还有些服装可以通过填充絮填料、绗缝等手法来使轻薄面料获得造型效果。

综上所述，完美的服装造型的构建与完整的设计概念表达、合理精准的服装立体构成、恰到好处的服装材料选用以及可以使最终效果升华的制作工艺和后整理工艺手段密不可分的。

第二节　服装材料造型设计

正如前一节中所提到的那样，除了完美的设计概念表达、精准的服装立体构成、合理的制作工艺和后整理手段以外，对于服装立体造型起到至关重要作用的，就是恰到好处的服装材料选用以及服装材料本身的造型设计。

一、服装材料特性与造型效果

（一）影响服装材料立体造型效果的因素

1. 纤维及纱线的性能是决定服装立体造型塑造的先决条件

棉的平和质朴、麻的清爽率性、丝的滑润细腻、毛的丰糯高贵，这些由天然纤维制成的服装材料因其各自不同的手感和视觉特性，直接会对其适合的服装样式及搭配风貌产生决定性的影响。

涤纶材料的干爽硬朗、氨纶材料的张弛有度、黏胶材料的棉柔身骨等，这些由化学纤维制成的服装材料弥补了由天然纤维制成的面料的服用特性的不足，可以满足人们日常生活中快洗易干、易于打理等特点。通过不同原料的组合配比运用，还可以形成满足人们更为多样的服用功能需求的新型复合材料。通过防静电处理、防污处理、防水处理和阻燃处理等后整理处理，这些材料就被广泛地应用于各行各业的职业装中。

2. 织造方式是服装立体造型效果完美呈现的基本保证

根据织造方式的不同，服装材料可以分为梭织物、针织物和非织造织物。

针织物中又可以分为毛针织面料和棉针织面料。毛针织面料的外观风貌受到选取纱线的粗细、外观风貌、色泽、组织结构变化、图案纹样的影响，形成了与梭织物截然不同的视觉效果，因此，具有独树一帜的服装立体造型特色。

与毛针织面料相比，针织面料中的棉针织面料具有与梭织物比较相近的材料特性。但是，二者相比而言，还存在各自不同的面料性能和外观效果。相对于棉针织面料，梭织面料的织造方式决定了其结构的紧密厚实，悬垂感较差，适合于制作一些具有造型夸张、硬朗张扬的款式；而棉针织面料的织造方式则决定了其结构的松散轻薄，且具有较好的悬垂性，当采用抽褶设计时，可以出现细密的碎褶效果，适合表现女性化、柔美细腻、低调温和的款式。

非织造织物则是一种不经过常规织造，而是以纤维的层叠压制形成的特殊材料，如无纺衬、毛毡等。这些材料常常会在外力、温度、湿度的影响下发生变形，而这种特性也成为非织造材料的有趣特点，同一种材料可以因外力、温度、湿度的不同，表现出多种不同的定型效果。例如，20 世纪 50 年代盛行一时的高级女帽，很多都是通过对毛毡帽坯进行外力拉拽、改变温度和湿度的方式，来改变毛毡的物理特性，从而改变其造型，满足不同帽式的需求。

（二）服装材料性能指标

服装材料的性能指标可以用来衡量一种材料的物理特性，分别从重量、厚度、弹性、剪变性和悬垂性 5 个方面对材料的性能进行评价。

每一种材料都可以从这几个角度来进行特性的检测。在设计概念、纸样构成、制作工艺和后整理等几个方面都几乎相同的情况下，由于材料的重量、厚度、弹性、剪变性和悬垂性的不同，可以形成极为不同的视觉效果。由此可见，很好地掌握服装材料特性及其相应的造型效果，几乎是服装立体造型设计成败的关键所在。

1. 重量

面料的重量对于服装造型而言起到至关重要的作用。厚重的面料，会给人压抑、沉重之感，令人不舒适；适中重量感的面料具有较好的悬垂感，可以体现优雅、飘逸感；较轻盈的面料，不易获得稳定的造型。

2. 厚度

面料的厚度可以通过特定仪器进行测量。较厚的面料，手感丰糯，但是不易塑造结构复杂、分割线较多的服装，强调大廓型和宽松的感觉；较薄的面料，手感细腻，多适用于体现堆积、褶皱等效果的服装。

3. 弹性

面料的弹性是指只要面料具有相应的弹性，就有可能与人体的体型相吻合。弹性好的面料，适于强调贴体、舒适感的服装；弹性差的面料，适于强调离体的硬朗廓型感。目前市场上，含有弹性纤维的梭织与针织面料越来越多，既可以满足一定的稳定廓型，同时也可以满足贴体、舒适的要求。

4. 剪变性

面料的剪变性主要指面料经纱与纬纱的变形率。剪变性有时可能成为优点，有时也可能成为缺点。剪变性大而且组织结构疏松的面料，在受到拉力时产生较大变形，如麻、丝和黏胶纤维等都具有这个特点，消费者需要精心打理这些服装。

5. 悬垂性

悬垂性是指面料在悬挂时产生柔和衣褶以及面料随身贴体的能力。悬垂性好的面料适于体现垂坠的优雅感，而悬垂性差的面料比较爹作，适于强调体量感和廓型感的服装。

二、服装材料造型设计技法（物理方法）

就服装材料的造型设计技法而言，本教材主要以物理方式的处理为主。总体而言，服装材料的造型设计技法可以分为面料本身的肌理再造、叠加法和消减法三大类。

（一）面料本身的肌理再造

面料本身的肌理再造主要指的是从立体造型的角度对面料进行表面的肌理处理，常见的技法有褶皱及褶裥、堆积及层叠、拼缝、填充绗缝、钩编及编结等。

1. 褶皱及褶裥

褶皱及褶裥主要指的是通过对面料本身翻折、抽褶，使面料表面呈现出较为规则的肌理纹路。这种手法适合于硬挺适中的材质，过软和过硬的材质都较难获得很好的定型。采用褶皱或褶裥的手法时，要求非常注意面料经纬纱或者斜纱的选取，对于有些褶皱，只有在采用斜纱的情况下才可能保持顺畅、光洁（图 5 -2）。

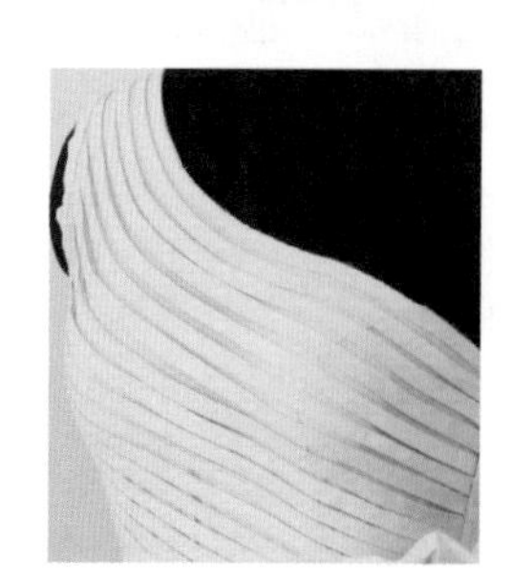
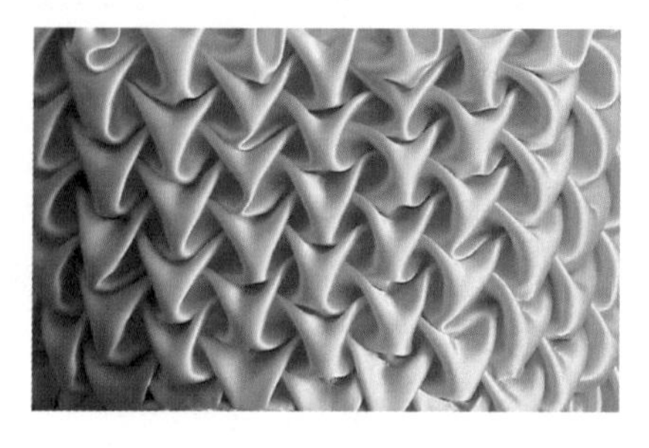

图 5 -2　褶皱技法

2. 堆积及层叠

堆积及层叠主要指的是对面料本身进行随意的抽褶、堆叠，不仅可以呈现出不规则的、自然的肌理纹路，同时还会有体量感，增强服装的视觉冲击力（图5－3）。

图5－3 堆积技法

3. 拼缝

拼缝是指将不同花色、图案的面料按照一定的构成形成进行拼接，形成有规律的色彩明暗、跳跃的视觉之感。这种拼缝手法用于很多地区的民间服饰、家居用品当中，从过去节俭到现在的怀旧时尚，拼缝已经成为当今服装设计的常见表现手法（图5－4）。

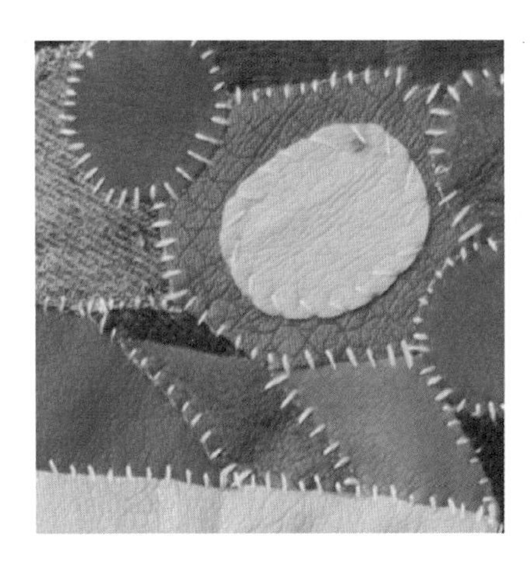

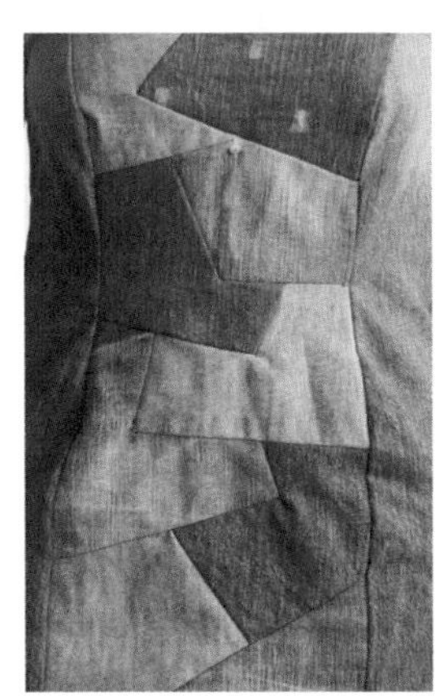

图5－4 拼缝技法

4. 填充绗缝

对于一些较为轻薄的面料，可以在轻薄面料下面填充腈纶棉、丝棉、羽绒、羊毛等，以增加服装的体积感，增强服装的保暖特性。通过填充，并在其上缝制线迹，从装饰性的角度构成一定的图案。由于各种填充料的材质特性，填充后的服装会呈现出不同的造型，如填充羊毛絮片的服装，轻薄而保暖，既可内穿，也可外穿。填充羽绒的服装，由于其间可容纳更多的空气，所以，羽绒服装的造型更饱满、圆润，多用于外穿服装（图5－5）。

图5－5 填充羊毛絮片的服装绗缝效果

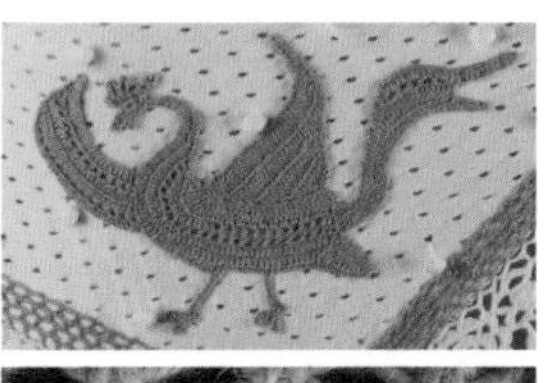
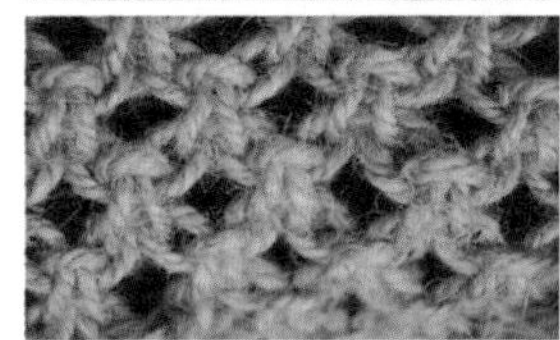

图5－6 钩编技法

5. **钩编及编结**

钩编及编结是在民间广为流传的传统手工艺术形式。通过纱线之间的钩套、缠绕、交结，形成极富视觉美感的镂空、凹凸等表面肌理（图5－6）。

钩编产品是一种特殊的绒线组织编织品，它具有“露、弹、密、柔、活”的艺术风格，产品组织结构可塑性强，可以有无限款式与任意规格，是任何机械产品都取代不了的一种特色艺术性手工制品。

“露”，是指它的组织结构具有镂空的艺术效果，与人体服装及装饰对象融合为一体，形成一种相互衬托的特殊效果。“弹”，是指可以通过不同的钩编针法，使它形成特别的弹性，从而可以更好地展露人体曲线，达到穿着舒适的效果。“密”，是指它的组织致密性，通过相应的钩编针法，可以使产品具有致密的风格，在同一产品中形成疏密相间的效果。“柔”，是指它的柔性特征，它与当今时代的快节奏形成一种强烈的反差，使人们能够更好的置身于休闲的环境之中。“活”，是指它组织结构的灵活性，一根小小的钩针，通过灵巧的手，创造出无穷的奥妙，可以随心所欲地实现任意的装饰效果。

（二）不同材料的叠加法

叠加法是指在面料表面通过叠加的方式，获得外观效果的改善的服装材料造型手法。这种叠加法可以指某种特殊的工艺手法，如珠绣、刺绣、贴布绣、烫钻等，也可以指叠加具有装饰效果的蕾丝花边、流苏饰边、金属饰件（铆钉、链条、拉链）等各种材质。

1. **刺绣**

刺绣也是在民间广为流传的传统手法艺术形式。主要指在面料表面进行多种针法变化的刺绣。中国五千多年积淀下来的刺绣文明，很多都与中国传统文化想象相关联。

2. 贴布绣

贴布绣是一种特殊形式的刺绣。有时可以将剪成图案的面料贴覆于面料之上，再在图案的边缘进行刺绣，而且也可以指先将剪成图案的面料先进行刺绣，最后再缝制在服装表面（图5－7）。

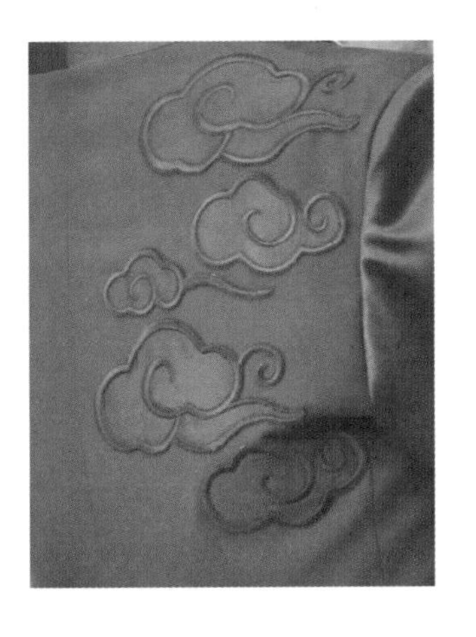

图5－7　贴布绣技法

3. 钉珠

钉珠也是流行于民间的传统工艺手法。将大小不等的珠子通过穿线可以构成一定的图案。

钉珠是当下最流行的时尚元素，在内衣、童装、T恤、皮革、手袋、发饰、帽及其他饰品上配以钉珠装饰，它是以空心珠子、珠管、人造宝石、闪光珠片等为材料，绣缀于服饰上，以产生珠光宝气、耀眼夺目的效果，一般应用于舞台表演服上，以增添服装的美感和吸引力，同时也广泛用于鞋面、提包、首饰盒等上面。丝绒、牛仔布、针织布、皮革以及其他合成革等面料上，都可以使用钉珠方式，面料一般较为轻薄、悬垂感好，造型线条光滑，服装轮廓自然舒展。柔软型面料主要包括织物结构疏散的针织面料和丝绸面料以及软薄的麻纱面料等。柔软的针织面料在服装设计中常采用直线简练造型体现人体优美曲线。丝绸、麻纱等面料则多见于松散造型和有褶裥效果的造型，表现面料线条的流动感（图5－8）。

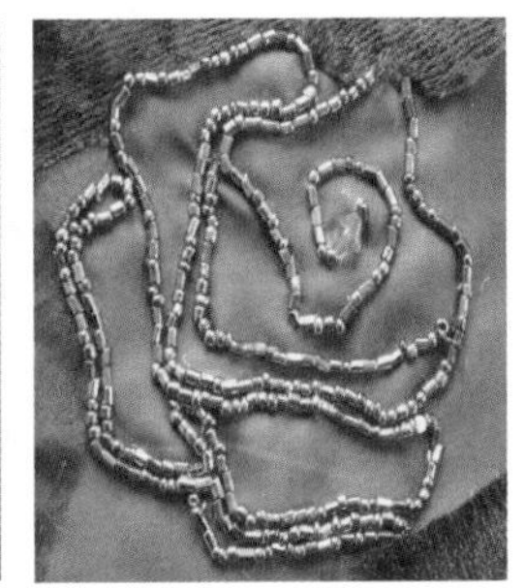

图5－8　珠绣技法

4. 烫钻

烫钻技法主要指通过熨烫、黏贴的方式，将烫钻按照烫图纹样装饰于服装表面的工艺手法。烫图是指将烫钻拼成的特定图案黏在背胶纸上形成的纹样。用烫机烫压在衣料（包括T恤、毛衣、牛仔服或其他衣服及鞋帽、包）上制作完成，也可使用烫钻器进行点烫，或者用迷你烫钻熨斗也可以简单制作，正因为它制作工艺简单，效果异常精美，所以近年广受欢迎（图5－9）。

5. 流苏饰边

流苏饰边通常都是装饰在服装的下摆、袖口、领口等。流苏的品种通常很多，从细腻

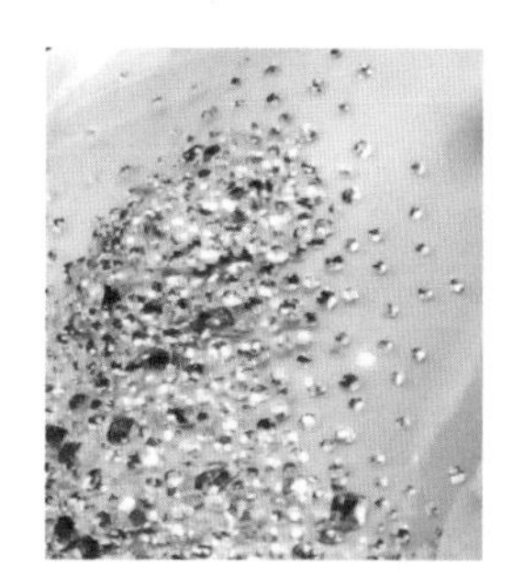

图 5-9　烫钻技法

光泽的真丝到带有民俗风貌的粗犷麻、棉等。

6. 金属饰钉装饰

金属饰钉装饰泛指使用方形、圆形、锥形等金属铆钉、饰钉、饰扣等装饰于服装表面的装饰手法，使服装具有硬朗帅气、阴冷黑暗、朋克异族等的视觉效果，常常表现在军服风貌、哥特样式的中性化的服装中（图 5-10）。

图 5-10　金属饰钉技法

（三）材料之间的消减法

消减法主要指通过对原有面料进行破坏性处理来获得外观效果改善的服装材料的造型手法。

1. 镂空

在服装材料上通过手工、机器或者激光刻镂的方式，获得具有镂空感的图案。这种工艺手法的表现效果有些类似于剪纸的效果。因材质的不同，对应的刻镂方法也会大相径庭。镂空图案的“图（实）”和“底（虚）”虚实掩映，给人以性感、空灵之感（图 5-11）。

2. 烧烙

烧烙技法的视觉效果非常大胆、突出，通常人们所穿着的成衣当中，较少能接受这种技法。但是，对于一些强调烧烙效果的人们来说，可以彰显出大胆而张扬的视觉效果（图 5-12）。

3. 磨洗

磨洗是指对较厚的材料表面通过打磨、砂洗、水洗等特殊工艺，将服装表面故意打磨成退色、泛白、残破、不均匀褶皱等自然的磨砺效果，为服装带来怀旧古拙的风貌（图 5-13）。

图 5-11　镂空技法

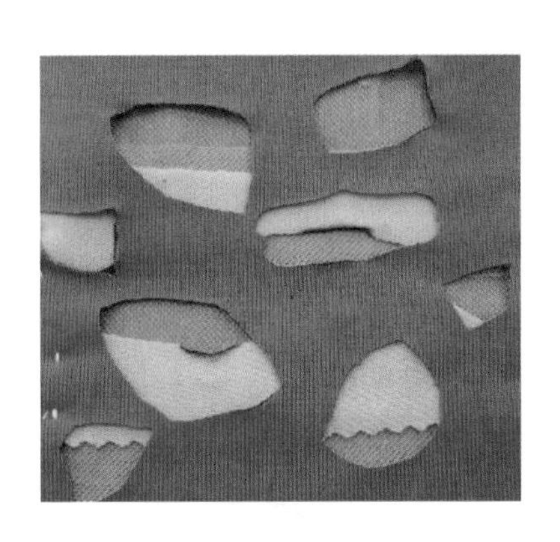

图5－12　烧烙技法

图5－13　磨洗技法

4. 撕剪及抽纱

有时根据特定的设计要求，需要在面料表面进行撕扯、剪切、抽纱等破坏性处理，这样可以使服装呈现出饱经风霜、颓废残破之感，如牛仔裤及T恤，通过撕、扯、剪、挖等多种手法，形成特有的视觉效果，有些T恤由于使用棉针织面料，剪切之后，可以形成自然的卷边效果（图5－14）。

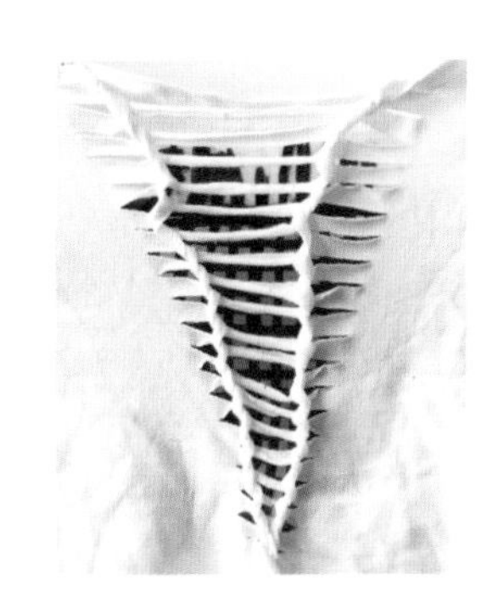

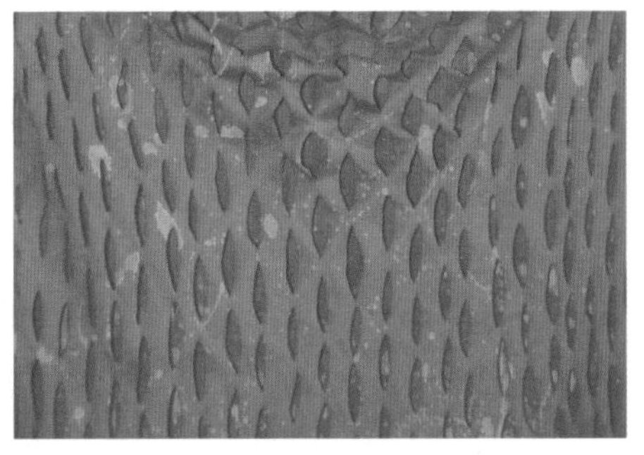

图5－14　撕剪及抽纱技法

第三节　不同种类服装的造型特点及材料应用

一、棉麻服装

正如前所述，棉麻材质具有温和舒爽的手感和朴素平和的视觉效果，常常可以作为人们日常贴身服装的首选材质。尤其是在气候较为温暖、潮湿的地区，棉麻材质以其吸湿性好、不粘身的特性，颇受当地人们的喜爱。

运用棉麻材质制成的最常见的服装品类有衬衫、裙、裤和风衣外套等。棉麻材质服装虽然穿着比较舒服，但是轻薄的棉麻材料也有易折皱、不易保型等缺点，因此，棉麻品类的服装主要以度假、旅游、休闲风貌为主，服装款式多以宽松样式为主。风衣外套类服装所使用的棉麻材料较为密实，主要起到防风、防雨、保暖等作用（图 5－15、图 5－16）。

图 5－15　Ports 1961 品牌 2008 年秋冬扎染棉连衣裙

图 5－16　棉裙

图 5－17 中展示的是国内原创设计师品牌例外（Exception）2009 年秋冬的系列作品。该品牌服装主要以棉、麻面料为主要选料，棉、麻材质的天然质地与飘逸大气、超然世外的品牌气质相得益彰，充分完美地诠释了品牌理念。

国内以棉麻材质为主要选用的品牌还有天意（Tangy）和江南布衣（JNBY）。天意不仅凸现了对中国传统文化的重视，同时与时尚相结合，体现出时尚品位。江南布衣主要定位人群是年轻时尚人士，旗下的男装品牌速写与女装一样，都通过棉麻材质的使用，很好地诠释了怡然自得的休闲生活态度（图 5－18）。

图 5－17　例外品牌 2009 年秋冬作品

图 5－18　江南布衣品牌 2013 年春夏系列作品

二、丝绸服装

丝绸面料通常具有光滑丰糯的触感、柔和细腻的光泽感以及高贵典雅的视觉美感。因此，通常会在礼服设计以及贴身穿着的睡衣、居家服设计中考虑使用丝绸面料。

（一）礼服设计

无论是在西方还是东方，礼服都是重大礼仪场合穿着的服装，所选择的材料都要能显现奢华、华丽，而丝绸面料则成为礼服的首选材质。在西式的婚礼服、晚礼服中，尤其是女士礼服中，大量使用丝绸面料，加上刺绣、珠绣等精美工艺，可以和丝绸面料相得益彰，彰显丝绸面料的华美与大气（图 5－19、图 5－20）。

图 5－19 贾尔斯（Giles）、KLS 品牌的丝质小礼服

图 5－20 2012 秋冬艾丽·萨博（Elie Saab）高级女装

高级女装特指法国境内的由高级时装设计师为顾客个别量身、手工定做的独创性时装作品。在时装界，高级女装代表着奢华品位及精湛工艺，拥有高不可攀的特权，客户以皇室贵族和上流社会妇女为主要服务人群。高级女装常常会选用丝绸面料作为礼服的主要材料。法国高级女装品牌艾丽·萨博的礼服设计代表了极致唯美的奢华品位。他非常善用丝绸面料制作礼服，充分体现了礼服的华丽、飘逸、浪漫、柔美。

（二）居家服及睡衣

居家服和睡衣已经成为人们居家生活中不可或缺的服装，居家服装要求在宽松、舒适的同时，还要适于家中环境，和家人一起拥有温馨、浪漫及放松的心情，因此，丝绸面料作为家居服、睡衣，贴身穿着，光滑、柔软，再装饰以蕾丝、花边、刺绣、珠绣，更能体现华丽、尊贵。

维克多和拉尔夫（Viktor & Rolf）品牌 2005 年秋冬系列设计中就从睡衣中获取灵感，表达随意、自在、舒适的惬意之感（图 5－21）。

图 5－21 维克多和拉尔夫品牌 2005 年秋冬系列设计

（三）日常衣裙

丝绸面料也常可作为日常衣裙的主要选料，尤其在夏日，丝绸面料轻薄、滑爽，有些悬垂感好的丝绸面料适合做一些斜裁、带有垂褶的连衣裙，能够体现女性化柔美、高贵的感觉（图5－22、图5－23）。

图5－22　天意品牌2009年春夏作品

图5－23　夏姿品牌2013春夏系列设计

三、呢绒服装

图5－24　艾克瑞斯（Akris）品牌2008年秋冬精纺材质外套

呢绒服装就是选择呢绒面料制作的服装的统称，包含运用各类羊毛、羊绒织成的织物加工制作的服装，主要有西服、职业套装、大衣等。基于呢绒面料的特性，不同质地的呢绒面料适合做不同类型的服装。

精纺呢绒面料表面光洁、挺括、有身骨，但从视觉上给人相对冷峻的感觉，因此适合于制作西装类型的职业套装。服装结构也可以通过细微的变化来体现出精致的品位（图5－24）。

粗纺呢绒面料表面粗犷、厚重，有很强烈的温暖感，因此适合于制作大衣类的服装，起到一定的挡风保暖的效果。由于面料的厚重，其服装结构也相对宽松休闲，而不过分修饰细节（图5－25）。

呢绒服装，根据含毛量的不同可以确定出不同的面料级别。在很多的职业装的设计制作当中，通常感觉含毛量的多少来提供针对不同级别客户群的需要给予不同的产品报价。

四、填充类服装

填充类服装的填充料主要有羽绒、羊毛絮填料及其他化纤絮填料。由于絮填料的不同，填充类服装会在造型方面呈现出不同的视觉效果。

羽绒填料，会通过羽绒的蓬松感给服装带来浑圆、壮实之感。但随着近些年来技术方面的研发，有些羽绒服装面料变得轻薄，羽绒服装也从原来的厚重、笨拙转而变得轻薄、苗条，如日本迅销公司的优衣库品牌、中国以网络营销为主的品牌凡客都相继推出了轻质羽绒服的产品，并且可以在包装时压缩为极小的体积、便于携带。但总体来说，羽绒服装整体的造型主要依靠蓬松的体积感表现出来。国内的知名羽绒服品牌波丝登，就会在每年的发布会上，带给人们全新的时尚羽绒服的概念（图5－26）。

相比较羽绒服装，以羊毛絮填料为主的防寒服也占有一定的市场份额，由于羊毛防寒服的絮填料是以轻薄的羊毛絮片为主，所以，服装整体造型没有羽绒的蓬松感，但多了一些细腻、精致。目前生产加工羊毛防寒服的企业的厂址都是在羊毛原料获取比较有优势的西北部地区，市场上的产品也基本上以中低端的羊毛防寒服为主。但是，从地理气候和市场需要来看，西北地区、东北地区、华中地区对于羊毛防寒服的需求是越来越多（图5－27）。

图5－25 麦丝玛拉（Maxmara）品牌经典的驼色呢绒大衣

图5－26 蒙克莱（Moncler）品牌羽绒服

图5－27 羊老大（SheepLeader）品牌羊毛防寒服

五、针织类服装

针织织物是指利用织针将纱线弯曲成圈并相互串套而形成的织物。针织面料与梭织面料的不同之处在于纱线在织物中的形态不同。

针织质地松软，除了有良好的抗皱性和透气性外，还具有较大的延伸性和弹性，适宜于做内衣、紧身衣和运动服等。针织物提高尺寸稳定性后，同样可做外衣。

按照针织类服装的加工工艺，可以分为棉针织类服装和毛针织类服装。棉针织类服装指先织成坯布，经裁剪、缝制而成各种针织品。毛针织类服装则指的是直接织成全成形或部分成形产品，如毛衫、毛裤、袜子、手套等。

从服装造型来看，棉针织面料的纱线较细，面料本身较为轻薄、柔软，有些面料会有较好的悬垂性，适于表现具有垂坠感、抽褶类的飘逸、宽松造型的服装。毛针织面料的纱线较粗，面料表面易形成罗纹、集圈、漏针或浮线等各种肌理，也带来了毛针织服装都有的视觉外观和外轮廓造型（图 5－28～图 5－30）。

图 5－28 海德尔·艾克曼（Haider Ackermann）品牌棉针织服装

图 5－29 毛针织服装

图 5－30 姐妹（Sister by Sibling）品牌 2013 春夏毛针织服装

六、毛皮服装

毛皮服装可以分为皮革服装和皮草服装。

皮革材质的表面肌理纹路会因动物的不同而各不相同，不同纹理感觉的皮革可以用来设计和制作对应感觉的服装，如蟒蛇皮、鳄鱼皮纹理粗犷，适于表现强调野性、硬朗格调的服装，而羊皮、牛皮等纹理细腻，适于表现强调精致、干练的效果（图 5－31）。

皮草主要指从动物身上直接获取的皮毛经过特殊工艺加工而成的材料。牛、羊、马、獭兔、水貂和狐狸等都是获取皮草原料的主要来源。总体来说，皮草服装表面具有动物皮毛本身的自然光泽、柔滑手感，是很多人造皮草所无法企及的。皮草服装整体带给人雍容华贵、奢华亮丽之感，其保暖性能也是其他服用材料所无法比拟的。基于成本造价、保护动物等角度，皮草通常会和其他服用面料搭配使用（图 5－32）。

皮草按毛被成熟期先后，可分为早期成熟类、中期成熟类、晚期成熟类、最晚期成熟类。按加工方式，可分为鞣制类、染整类、剪绒类、毛革类。按外观特征归纳可以分为厚型皮草，如狐皮；中厚型皮草，如貂皮；薄型皮草，以马皮为代表。

图5－31 皮革服装

图5－32 皮革服装

综上所述，服装材料对于服装造型设计的影响是非常巨大的。在进行设计时，可以围绕着服装造型设计来选择对应适合的材料，也可以围绕着服装材料本身外观、手感、肌理等元素选择对应的服装造型。有时，这两个过程可以同时穿插进行。此外，除了掌握服装材料本身的特性之外，还需要掌握一些服装材料方面的高新技术、高新材料，这样就可以紧跟潮流进行更好的设计。

本章小结

服装造型是指存在于人们视觉体验中的服装整体印象，是营造视觉体验中服装整体印象的决定性因素。材料选用对于服装造型设计而言是至关重要的，有时会决定一款服装或者一个系列服装设计的成败。

通过分析得出，影响服装材料立体造型效果的因素有纤维和纱线性能、织造方式。服装材料性能可以通过重量、厚度、悬垂性、剪变性和弹性五个方面来进行评价。

服装材料立体造型设计的三大类基本技法包括了面料本身的肌理再造、不同材料的叠加法和材料之间的消减法。其中，面料本身的肌理再造包括褶皱及褶裥、堆积及层叠、拼缝、填充绗缝、钩编及编结等。不同材料的叠加法包括刺绣、贴布绣、钉珠、烫钻，以及叠加具有装饰效果的流苏饰边、金属饰钉装饰（铆钉、链条、拉链）等各种材质。材料之间的消减法包括镂空、烧烙、磨洗、撕剪及抽纱等。

最后，本章还针对不同种类服装的造型特点及材料应用，重点讲解了棉麻服装、丝绸服装、呢绒服装、填充类服装、针织类服装及毛皮服装的材料特点和造型设计特点。

通过本章对服装造型的概念、服装材料特性与造型效果之间关系的讲解，可以使学生获得服装材料应用与服装造型之间的对应关系，同时掌握服装材料造型设计的基本技法、各种经典品类服装的材料造型设计及选用特点。学生通过实践，可以获得更多的应用体验。

思考题

1. 服装造型主要包括哪些因素？
2. 服装材料在造型中起到什么作用？
3. 简述 2 ~3 种服装材料的性能特点及其对于服装造型的影响。

第六章

服装洗涤与整烫

课题名称： 服装洗涤与整烫

课题内容： 本章内容分为两部分，第一部分介绍了服装洗涤中水洗及干洗的工艺及特点，第二部分针对服装整烫，介绍其原理、工序、设备、工艺及不同服装的整烫要点。

课题时间： 12 学时

训练目的： 使学生了解服装洗涤和整烫过程的工艺和特点，理解其原理，并掌握不同服装材料的整体要点。

教学方式： 多媒体教学，结合实际操作的图片进行授课，理论与实际结合。

教学要求： 教师理论教学 6 学时，学生通过实验掌握服装洗涤和整烫技术 6 学时。

学习重点：

（1）学习并了解服装水洗与干洗的方法与要点。

（2）了解服装整烫原理并掌握服装正确整烫的方法。

第一节　服装洗涤

一、服装去渍

去渍是指应用化学药品及正确的机械作用去除常规水洗和干洗无法洗掉的污渍的过程。

（一）服装的污渍

1. 服装污渍的形式

有非接触性的污渍、静电吸附的污渍、直接接触的污渍三种形式。

2. 服装污渍的分类

可分为固体污渍、油质污渍、水溶污渍。

3. 服装污渍的鉴别

有外观鉴别、颜色鉴别、触觉鉴别、位置鉴别、气味鉴别、职业鉴别。

（二）服装去渍剂

1. 溶解作用去渍剂

用液体溶解固体或液体溶解液体去渍，分为湿性溶剂（一般指水）和干性溶剂（一般指无水或少水溶剂，如四氯化碳、汽油等）。

2. 润滑作用去渍剂

润滑作用去渍剂指使用某种油性或润滑性物质去除污渍。它可以软化污渍，并使污渍从衣料上分离下来，便于冲刷。分为湿性润滑剂（如甘油）和干性润滑剂（如油性油彩去除剂）。

3. 化学作用去渍剂

通过化学反应将污渍变为无色，起到一种掩饰作用，或溶解污渍。例如醋酸、碱、漂白剂、分解酶等其他去渍剂。

（三）服装去渍工艺

1. 去渍的基本要素

（1）正确鉴别服装材料。

（2）正确识别污渍。

（3）了解污渍的化学特征。

（4）熟悉安全去渍的方法与步骤。

2. 去渍的方法与步骤

（1）去渍的方法：

①喷射法：利用去渍台上设备的喷射枪，产生一种冲击机械作用力，可去除水溶性的

污渍。

②揩拭法：使用刷子、刮板、细布包裹棉花等工具，作用于服装表面污渍，使之脱离服装。

③浸泡法：适宜于织物结构紧密、沾污面积大的服装，使化学药剂有充分时间与污渍反应。

④吸收法：适宜于织物结构松弛、精细易脱色的服装。在加注去渍剂后，待其溶解，用棉花类吸湿较好的材料吸收被除去的污渍。

（2）去渍的步骤：

①判断采用干性去渍或湿性去渍。

②预测去渍的损伤程度。

③考虑去渍的方便及经济程度。

例如，对圆珠油笔污渍的去除方法有：

a 苯　b 四氯化碳　c 汽油　d 丙酮　e 酒精　f 碱性洗涤剂

针对不同面料：毛料采用 a、b、c、d，涤棉采用 e、f。

二、服装水洗

（一）洗涤剂

1. 水

（1）优势：溶解能力和分散能力强；使用方便、不燃、无毒、无味、廉价等。

（2）水质：根据水中的钙、镁等金属离子含量，水质有软、硬之分。我国通常以一百万份水中钙、镁盐含量换算成碳酸钙的份数来表示，即 mg/L（表 6－1）。

表 6－1　软水与硬水的区分

水　性	以碳酸钙计含量（mg/L）	英制度数
软水	0～57	0～4
略硬水	57～100	4～7
硬水	100～286	7～20
极硬水	>286	>20

一般洗涤用水的要求为：pH 值：6.5～7，总硬度：<25mg/L，铁：<0.1mg/L，锰：<0.05mg/L。要保证良好的洗涤效果必须对水进行软化处理。

（3）水的软化：石灰——纯碱沉淀法；离子交换法。

2. 洗涤剂

（1）组成：洗涤剂主要指合成洗涤剂，它是多种组分复配而成的混合物，由表面活性剂和洗涤助剂组成。剂型分为粉状、液状和膏状。

①表面活性剂：

a. 按基本性质分类：润湿剂（渗透剂）、乳化剂、分散剂、洗涤剂等。

b. 作用原理：

润湿作用：加速液体在固体表面铺平的作用，使织物纤维表面受到洗液的润湿并使纤维膨胀，同时将污垢颗粒碎裂。

乳化分解作用：将液体分散在另一个不相溶的液体中的作用——乳化。

将固体分散在液体中的作用——分散。

增溶作用：是乳化、分散作用的极限阶段，即高度的乳化与分散。

②洗涤助剂：有增洁剂、漂白剂、荧光增白剂、泡沫稳定剂、污垢悬浮剂、酶、辅助剂等。

（2）洗涤剂的分类：

①天然洗涤剂：在实践中的天然洗涤物，如草木灰、茶籽饼、皂荚等，它们中含有3%～30%的皂素化合物，能在水中形成丰富的泡沫，产生乳化作用，洗涤效果良好。

②肥皂：主要成分是高级脂肪酸的钠盐，其质量的优劣与油脂原料的品种有关。肥皂可分为普通肥皂、香皂和皂片。

③合成洗涤剂：是一种多组分的混合体，以表面活性剂为主要成分，辅加一些没有表面活性的物质，它们可以增强和提高合成洗涤剂的综合能力。

（二）洗涤设备

家用洗衣机：可分为单桶、双筒半自动和全自动三类。

商用洗衣机：可分为简易型滚筒、卡式控制型滚筒、半自动型滚筒和全自动滚筒。

干燥设备：有脱水机和干衣机。

（三）洗涤工艺

1. 分类

根据服装所用材料的材质（棉、麻、丝、毛、各类化纤等）、结构（机织物、针织物）、服装的形态（上衣、裤子、厚薄、大小等）、颜色（深、中、浅）、脏净和新旧程度把它们分开。每一类服装都有一定的洗涤方式，不同的情况采取不同的洗涤方法。

无论批量洗涤，还是单件洗涤，要做到“三先三后”，即先浅色后深色，先小件后大件，先比较干净的后比较脏的。

（1）按颜色分：首先应把颜色较深与鲜艳的服装挑出，因为这类服装有掉色的可能性。对于有掉色可能的服装可以进行试色处理，在其边角处涂以适当浓度与温度的洗涤液，用白色的湿布擦拭几下，若白布沾上颜色则证明此服装掉色应小心处理。

（2）按服装厚薄程度分：丝织物等轻薄织物最好不要放进洗衣机洗涤，而应手洗，避免损伤。毛线衣类也应挑出，由于机洗会对它们造成伤害，也应手洗。内衣、内裤、袜子、针织品等小件物品或易变形的服装应挑出来，进行手洗。或者将以上物品装进洗衣网中，再与同类织物的衣物一起洗涤。

（3）按纤维原料分：按纤维原料分类时，把含毛的服装挑出来，它们应干洗，否则会引起缩绒，服装变形。

按照上面的方法分类后，剩下的服装可分为6类：

①白色纯棉、纯麻服装。

②白色或浅色棉、麻及混纺织物服装。

③中色棉、麻及混纺织物服装。

④白色或浅色化纤织物服装。

⑤深色棉、麻及混纺织物服装。

⑥深色化纤服装。

2. 洗涤前的处理及注意事项

（1）检查服装口袋内的物品（如口红、药品、纸片、硬币等），抖净烟沫、灰尘，以免在洗涤时污染服装和磨损机器。

（2）对有特殊污垢的服装应作去渍处理再与同类服装一起洗涤。

（3）对要脱落的部件、附件、装饰物等应缝牢再与同类服装一起洗涤，以免在洗涤过程中脱落。

（4）洗涤时应尽量扣上纽扣，有拉链的服装应合上链。例如开襟毛衫类物品，有毛绒的物品还应翻洗。

（5）不同颜色相间的服装，应用冷水和中性洗涤剂。

3. 洗涤温度

一定的温度可以加速物质分子的热运动，提高反应的速度。与其他化学或物理的过程一样，温度对去污作用是有相当影响的。随着洗液温度的升高，洗涤剂溶解加快，渗透力增强，促进了对污垢的进攻作用，也使水分子运动加快，局部流动加强，并使固体脂肪类污垢容易溶解成液体脂肪，便于除去。

（1）洗涤剂性质：一般含非离子型表面活性剂的洗涤剂，洗涤温度最佳在60℃，若超过60℃将会影响其去污能力。阴离子型表面活性剂的洗涤剂，在60℃以上，去污能力显著增强，在60℃以下时，温度的变化对其去污力影响不大。

（2）服装材料性质：每一种材料都有其所能承受的洗涤温度范围，如高温对纯棉、纯麻织物服装的去污有明显的帮助，而没有什么不良后果。化纤织物服装的洗涤温度最好控制在50℃以下，否则会引起折皱。丝织物、毛织物则最好控制在40℃以下（表6-2）。

（3）污垢性质：去除污垢有一定的最佳温度，但如果洗涤温度高于一定温度，却会加快污垢变性，增大去除难度。如蛋白质污垢宜在40℃以下除去，过高会引起蛋白质变性凝固，难以洗涤。温度越高（如85℃）对除去油性污垢有很大的帮助。一般的原则是先以低温去污，再逐步加温去除高温的污垢。

表6-2 各种织物洗涤的适宜温度

纤维种类	织物特点	洗涤温度（℃）	投漂温度（℃）
棉麻	白色、浅色	50~60	40~50
	印花、深色	45~50	40左右
	易退色的	40左右	微温
丝	素色、印花、交织	35左右	微温
	绣花、改染	微温或冷水	微温或冷水
毛	一般织物	40左右	30左右
	拉毛织物	微温	微温
	改染	35以下	微温
化纤	各类纯纺、混纺、交织	30左右	微温或冷水

4. 洗涤工艺

（1）冲洗（或浸泡）：冲洗为机洗，浸泡则不施加力。它们是洗涤的第一步，为主洗做准备。冲洗目的如下：

①使附着于服装表面的水溶性污垢脱离服装而落入水中，节约洗涤剂。

②使水充分渗透，在进入主洗之前，使织物充分膨胀，提高主洗的效果。

③发现一些染色织物水洗牢度较差的情况，以便及时地采取预防措施。

冲洗一般1.5~3min，二三次，视冲洗时水的混浊程度而定。

（2）主洗：主洗是去污的主要阶段，主要以水为介质，通过洗涤剂的物理化学作用、洗衣机的机械作用等多种作用的复杂过程。需洗涤设备、洗涤温度、洗涤剂等因素密切配合，以达到去污的目的。服装在洗涤液中的状态可用下式表示：

服装·污垢+洗涤液⟷服装+污垢+洗涤液

在洗涤过程中应注意作用力、温度、洗涤剂等的配合。

（3）投漂：是一个扩散的过程。通过投漂，服装与水混在一起，形成一个浓度梯度，织物中残存的洗涤剂和含有污垢的洗涤液向水中扩散，在每一次过水完成后均应更换水，保持足够大的浓度梯度。在投漂时，合理的水温与机械作用同样有助于提高投漂的效率与质量。

（4）后处理：经过洗涤后的服装，有的手感粗糙，有的还残存有碱，致使服装的光泽、手感等受到影响，在穿着以前需对其进行一定的后处理。

①柔软处理：经过水洗后，服装得到了良好的清洁，但同时也会出现一些问题，如棉织物内衣的手感较粗糙、合成纤维服装的静电问题等。为了解决这些问题，需对服装进行柔软处理，主要是采用阳离子表面活性剂，使柔软剂吸附在服装上，增加其柔软性。

经过柔软剂处理的服装与织物，具有良好的手感，舒适、柔软、蓬松，同时有抗静电作用。它并不降低服装的白度与染色牢度，不影响材料的色彩，且气味清新，对皮肤无不良的影响。

②中和处理：经过水洗后，服装上仍残存有一定的碱，它的存在会使白色织物泛黄或发灰，影响服装的色彩，也会使织物手感发硬。人体体表呈酸性，如果服装呈碱性，会使人体不舒适。

中和一般选用弱酸，常用的有冰醋酸和磷酸，使用的浓度为0.2%～0.3%，作用时间为两三分钟，温度为30～40℃，可随时用pH试纸检查。中和有助于去除服装上的铁锈渍、钙皂等，减少投漂次数，调节服装的pH值，将其pH值调节在人体表皮酸碱pH值的5.8～6.5范围内，在穿用时会感觉舒适。

③增白作用：经过水洗后，可对白色织物尤其是白度要求较高的织物进行增白处理。增白的方法有加蓝增白与荧光增白。

加蓝增白一般用蓝色或紫蓝色分散染料，用适量的水溶解，缓慢地倒进正在转动的洗衣机中，直接均匀地吸附在白色织物上，织物外观相比更白了。

荧光增白是将不可见的紫外线转变为蓝色或紫色的可见光，增加了织物的白度与反射率，给人一种洁净感觉。直接性荧光增白剂（VBL）主要用于纤维素纤维，也可用于维纶、锦纶等白色织物的增白以及其浅色或印花织物的增白。分散性荧光增白剂（常用DT）主要用于聚酯纤维的白色织物增白。酸性荧光增白剂（常用WS）主要用于羊毛、锦纶、醋酸纤维、腈纶、涤纶的白色织物增白。

④上浆处理：经水洗后，上浆处理能使织物挺括，防止纤维起毛，有良好的观感。它不影响织物表面色泽，在织物表面形成一层保护膜，阻挡污垢的附着，延长织物使用寿命，同时也易洗去污垢。

淀粉是天然高聚物浆料，对亲水性的天然纤维具有良好的黏合能力与成膜能力。聚乙烯醇（简称PVL）是合成浆料，适用于纤维素纤维和合成纤维的混纺织物。

上浆处理的服装或织物较易被一些昆虫侵蚀，应注意妥善保管。

（5）干燥：水洗后的服装，含有一定的水分，要将这些水分除掉，有如下干燥方法：

①脱水：是利用脱水机滚筒的高速旋转，产生离心力使滚筒内含水织物的含水量尽可能降低。离心脱水搅动均匀，效果良好。但要注意，过高速的离心脱水会使织物变形，特别是当织物相互缠绕在一起时。

②自然干燥：利用服装含湿量与空气中含湿量之间的差异进行的干燥。它简便易行，安全可靠，但耗时、效率低，受客观天气条件的限制。自然干燥又可分为阴干、滴干、平摊晾干。

阴干：是将含有一定水分的服装挂在衣架、竹竿或绳子上，放在阴凉通风的地方晾干。它针对一些不能直接在太阳光下晒或干燥较快的服装。

滴干：是不经脱水过程，把服装吊起晾干的方式。它可防止一些织物因脱水而形成的一些难以除去的皱折，适用于结构比较精细或附带太多饰物的服装。

平摊晾干：是把洗涤后的服装平放在网上，置于通风处晾干的方法。它适用于织物的组织结构松弛或花样变化多的衣物。

③强制干燥：是利用热源把空气加热，使空气变成干燥的热空气，并使之不断地与含有水分的服装接触，从而使服装上的水分逐渐蒸发掉，达到快速干燥的目的。有烘房干燥、滚筒式干衣机干燥和干衣柜干燥。

5. **服装水洗原则与方法步骤**

（1）服装水洗原则：

①尽可能少地伤害被洗服装结构、色泽与织物结构、色泽等。

②最大限度地去除服装上的污垢。

③尽可能合理地利用洗涤剂。

④应尽可能地节约能源、水源、人力与设备损耗。

在分类时，应力争使每一类服装中的污垢基本相同、服装材料的原料相同，同一原料其厚薄、结构、色泽相近，这样才能保证上面原则的实现。

（2）机洗方法步骤：根据前面服装的分类，能适于机洗的为六类，参照下列程序处理：

①白色纯棉、纯麻织物服装：

冲洗 2min→主洗 A3min→脱水 1min→投漂 3 次→脱水 4 ~7min。

主洗 B4 ~6min。

②白色或浅色棉、麻及混纺织物服装：

冲洗 2min→主洗 A3min→投漂 3 次→脱水 3 ~6min。

主洗 B4 ~5min。

③中色棉、麻及混纺织物服装：

冲洗 2min→主洗 7min→投漂 3 次→脱水 6min。

④白色或浅色化纤织物服装：

冲洗 2min→主洗 4 ~7min→投漂 3 次→脱水 1 ~2min。

⑤深色棉、麻及混纺织物服装：

冲洗 2min→主洗 8 ~10min→投漂 3 次→脱水 3 ~6min。

⑥深色化纤织物服装：

冲洗 2min→主洗 4 ~6min→投漂 3 次→脱水 3 ~6min。

（3）手洗：

①高档纤细织物服装：手洗作用力小，对各类纤细织物服装的损伤轻，小心轻搓。一般用低碱性或中性的洗涤剂，不能拧绞，采用阴干。例如丝绸服装、低特针织物服装、起绉服装、弹力服装、毛衣、起绒服装、带有饰物的服装等。

②羽绒服装：采用中性洗涤剂，水温 35 ~45℃，揉搓，对于特别脏的部位应用软毛刷轻轻刷洗，温水投漂 3 次后，在冷水中加少量冰醋酸浸泡 5min，不可拧绞，可用干衣机干燥。

三、服装干洗

（一）干洗剂的发展

19 世纪初期认识到苯具有一定的清洁作用，开始了干洗行业的艰苦探索。1934 年干洗商们试用氯化碳氢化合物和不同的设备来洗服装以吸引公众，从而使干洗行业进入了社会服务的行列。

早期用的干洗溶剂多是汽油。20 世纪 20 年代中期，随着石油工业的发展，汽油成为一种便宜且易得到的溶剂。它亲水性小，溶解性好，但易燃，不易保存。

四氯化碳具有适宜的汽化速度，其他性能也比较好，所以一度曾经作为干洗剂。但人长期吸入四氯化碳的蒸汽后，可能导致肝脏硬化。同时，四氯化碳遇到少量的水就会水解生成光气和盐酸，使设备受到腐蚀。

三氯乙烯的毒性小，而且对染料无褪色作用。四氯乙烯性能更佳，既不水解，又无腐蚀性，其蒸汽压也相对较低，与四氯化碳相比，其毒性较小，且不易使染料褪色。

目前世界上绝大多数干洗剂为四氯乙烯。它具有适中的溶解力，可使油类、脂肪类等物质很好地溶解。性能稳定，在一般条件下使用，对金属有轻微的腐蚀性，对不锈钢没有影响。在高温条件下与空气混合会分解成一氧化碳、氯气等有毒气体。因此，蒸馏时要注意。它对绝大多数的天然纤维和合成纤维都合适，在使用过后的回收率较高，可反复使用，可降低成本（表 6－3）。

表 6－3　常见干洗剂及性能对照表

项目	四氯化碳	三氯乙烯	四氯乙烯
沸点（℃）	76	82	121
蒸发速度	快	好	尚可
稳定性	遇潮气分裂	遇光分裂	抗分裂
毒性	高	高	吸入 100mg/L 以上有害

（二）干洗剂与助剂

1. **干洗剂**

（1）干洗剂的指标

化学名称：四氯乙烯 C2c14，比重：1.62g/mL，沸点：121℃，凝固点：－22.4℃，蒸馏范围：120～122℃，可蒸馏出总量的 96%，纯度：99.9%，外观：透明，不挥发成分：<10mg/L，气味：挥发后无残留气味，含水量：<30rag/I。

（2）干洗剂的使用方法：

①干洗剂的湿度和温度：干洗剂中几乎不含水，需在常温 20～30℃下与干洗枧油、水

配制使用。干洗过程中的水分来源于三个方面：干洗枧油、空气中的水分、衣物含水量（包括去渍水分）。

对多数织物来说，相对湿度在70%～80%对服装是安全的，同时对去除大部分湿性污垢是有效的。因此，需注意在干洗时其相对湿度是否是75%。

②干洗剂的颜色：干洗溶剂在洗涤过程中应保持淡琥珀色（啤酒色），透光度应大于55%，对于浅色服装则透光度应大于75%。干洗剂中所含的杂质会使其颜色趋深，在深色溶剂中洗衣会使服装发灰、发黄。

2. **助剂**

（1）干洗枧油：也称清洁剂，它在去除服装污垢方面起着特殊的作用，能去掉顽固的不可溶污物和水溶性污物。干洗枧油为表面活性剂，它对污物的吸引力比服装要大，因此它能使不可溶的污物与服装分离，并防止其重新沉积在服装上。

（2）过滤粉：又称硅藻土，是一种微小的海洋植物化石残留物，是有多种结构和尺寸的粉状晶体，其作用是保证干洗溶剂有效地流过过滤网，同时过滤溶液中的污垢及泥土，保持干洗剂的清洁，维护其清洁能力。

（3）活性炭粉：是一种活化的有机物，经过细磨、加热、活化，成为细小多孔颗粒，表面积大。由于它在过滤网上形成稠密层而很快产生过滤压力。它可用来除掉溶液内的脂、酸、染料、有色物和其他有气味的东西，清除悬浮的色料。

（4）脱硫粉：又称斯威登粉，它是一种活性白土，与可溶性的污物化学结合，其物理性能主要为吸附性，因此可除掉可溶性的杂质，如去污剂、脂肪酸与染料等。因其晶格更规整，所以比一般过滤粉更易、更快地对过滤器形成压力。

（三）干洗设备

1. **设备**

全密封制冷回收干洗机内洗涤、脱液、烘干在同一个滚筒中进行，蒸发出来的溶剂蒸汽经过加热，再通过冷却管冷凝，冷凝的溶剂收集起来回流到溶剂箱，以供重复使用。图6－1为干洗机的正视图与背视图。

图6－1　干洗机

2. 操作

从干洗溶剂到干洗剂的回收是一个完整的循环，一般分为两个部分：

（1）干洗溶剂洗衣服、派液、过滤、蒸馏、回收。

（2）干洗溶剂在服装烘干时，蒸发、过滤、冷却、回收。具体如下：上液→洗涤（预洗、漂洗）→脱液→烘干冷却→回收（过滤、蒸馏）。

（四）干洗工艺

1. 服装干洗污渍的种类

（1）不可溶污渍：既不溶于干洗剂、也不溶于水，如煤、纤毛等。

（2）可溶性污渍：仅能溶于干洗剂，如各种动植物油等。

（3）水溶性污渍：不能溶于干洗剂，能溶于水的污渍，如甜食、淀粉等。

2. 干洗工艺步骤

（1）检查：在接收服装时应仔细检查，以保证安全洗涤。

（2）分类：主要考虑机械力、湿度、静电、颜色等因素。

（3）装衣洗涤：严格按照干洗操作程序和要求来洗涤衣物。

（4）检验：检验服装的去渍情况、纤毛状态、亮度等。

3. 各类服装的干洗

进行干洗的服装主要为毛织物类服装、丝绸类服装等精细的、不宜水洗的服装。由于服装材料的纤维原料不同、纱线结构不同、织物结构不同、表面外观不同、颜色不同，都需要我们在洗涤过程中根据其特点采用相应的洗涤方法进行干洗。

（1）棉、麻织物服装干洗：棉、麻类织物的服装一般有内衣或休闲服两种，所以较少干洗。

（2）丝织物服装的干洗：丝织物包括真丝织物和化学纤维长丝织物，如是丝绸型的，由于其服装做工精细、时髦，通常价格较贵，在干洗中要注意机械作用力大小与污垢的再次沉淀。预洗 3min→漂洗 2min→脱液 40s 左右→烘干 50℃以下，20min。

（3）厚毛料、大衣类服装干洗：在干洗之前一般穿用的时间较长，污垢较多，因此干洗时循环的次数应多几次，才可取得较好的效果。预洗 6min→漂洗 2s→循环、脱液 3s→烘干 65℃，30min。

（4）纯白色服装干洗：污垢明显且易再次沾污，为避免服装发灰，对干洗剂的质量要求较高，洗涤时间可短，但要求循环。预洗 2min→漂洗 3min→循环、脱液 2～4min→烘干 45℃，20～30min。

（5）起绒、起绉及针织物类服装的干洗：表面肌理特殊，且不能承受过强的机械力，可把它们装在网袋里，洗涤时间也要短。类似于丝绸服装。

（6）普通服装的干洗：应视服装的着污情况确定洗涤时的循环次数，如着污严重，可多循环几次。预洗 3min→漂洗 2min→循环、脱液 1min→烘干 50℃，20min 左右。

第二节　服装整烫

一、服装整烫概述

（一）服装整烫的含义

服装的整烫又称为大烫，指在一定的温度、湿度、压力等条件下，按照人体曲线及造型需要对服装做最后的定型和保型处理，兼有成品检验和整理的功能。整烫是服装加工工艺中重要的一道工序，其质量的好坏将直接反映到成品上，“三分缝七分烫”的俗语充分表明了服装整烫的重要性。

（二）服装熨烫的评价

整烫良好的服装需满足下列要求：

没有折皱、杂色等出现在整烫好的服装上；

没有损伤；

服装应保持原始设计或要求的形状；

服装外观应整齐、干净和平滑。

二、服装材料的整烫原理

通过热湿结合的方法，使纤维大分子间的作用力减小，分子链段可以自由转动，纤维的变形能力增大，而刚度则发生明显的降低，在一定外力作用下强迫其变形，以使纤维内部的分子链在新的位置上重新得到建立。接触外力作用和冷却后，纤维以及植物的形状会在新的分子排列状态下稳定下来，这就是熨烫定型的基本原理。

熨烫定型包括三个基本过程：第一步，纺织材料通过加热柔软化。第二步，柔性材料在外力作用下变形。第三步，变形后冷却使新形态得以稳定。在这三个基本过程中，纺织纤维的柔性化是使织物改变形态的首要条件，所以纺织品的变形都基于纺织材料的软化。对织物所施加的外力则是产生变形的主要手段，它加速了变形的过程，并能按照人为的意志塑造纺织品的形态。在纺织品达到了预定要求的变形时基于冷却则是个关键。熨烫定型的这三个基本过程是有机联系的，对时间的配合有着很严格的要求。

三、服装整烫的工序

（一）确认纺织面料

熨烫服装时，首先要解决的问题是确认服装的面料，在棉、麻、丝、毛、化纤或混纺纤维中属于哪一类，能承受的温度是多少。

掌握服装整型要求及不同款式的形态要求，在服装的整烫中，必须按照基本形态要求进行操作。例如男士和女士西装的形态区别，各种衬衫或大衣的形态要求不同等。只有掌握整型要求，才能使整烫出的服装满足不同的体型。

（二）提供热能

服装的熨烫过程中，热能的掌握相当重要，一般有电加热和蒸汽加热两种。由于电加热作为服装熨烫中的提供热能的方式已逐渐被淘汰。湿蒸汽作为在熨烫中传导热量的媒介，把热量有效的输送到服装面料内，对服装表面不会产生影响，蒸汽作用于服装，使面料获得热能并被加湿，促使服装面料达到变形的基本条件。供给蒸汽时，需要因物品的不同而供给不同的蒸汽量，以达到熨烫预定的目的。

（三）服装成型

服装面料受到热能和湿度的作用，自身已具备变形的条件，此时，依据服装的形态要求，对需要熨烫整型的部位，利用人工或机械设备，施加一定的压力或拉力。熨烫出符合设计的形态。

（四）干燥定型（抽湿）

服装经过熨烫成型，实现了需要的形态，但是要使形状固定，还需要进行快速抽湿降温，使服装面料冷却干燥，自然成型。

（五）保型存放

成型后的服装在存放时要采用相应的保型手段。例如采用悬挂保存等，以免破坏服装的成型效果。

四、整烫设备

服装的熨烫开始于 14 世纪，当时人们喜欢服装的复杂的设计和服装的平滑表面。在那个时候，用铁制作的简单工具用于给服装进行表面平滑处理。到了 19 世纪，使用的熨斗有两种：盒式熨斗和大熨斗。盒式熨斗里面有一空间可以放入灼热的煤或铁皮。大熨斗也称单层熨斗，其形状有三角形和矩形。以后在熨斗形状和重量上作了许多改进，人们认识到不同熨斗形状适合于不同服装部位的熨烫，如轻型熨斗用于精细的服装及材料上，重型熨斗适用于厚重的服装及材料。在 19 世纪中叶，服装工业随着平缝机的发明有了更快的发展，1919 年美国丹・霍福曼改进发明了真空吸汽增压熨烫，现在已普及运用。

（一）熨斗

熨斗的种类有很多，主要可以分为四类，即蒸汽熨斗、电熨斗、蒸汽电熨斗及全蒸汽熨斗。蒸汽熨斗的热源是热蒸汽，而电熨斗则是利用一个点发热元件进行加热。这两种熨斗均不能进行自动喷雾加湿，而需要人工加湿，多适用于局部热熔黏合。蒸汽电熨斗与全蒸汽电熨斗则不同，它们虽然也分别采用电力或热蒸汽作热源，但是在熨斗的底板上有蒸汽槽的穿孔与水平活门来控制蒸汽的喷出，已完成对布料的自动加湿。

此外，熨斗在工作时还必须要有熨床、支架以及电线等附属设备，全蒸汽熨斗等还需要必要的蒸汽锅炉管道系统。为了提高熨烫质量，熨斗的使用还必须要配合吸风烫台进行即时抽湿干燥冷却，如图 6－2 所示，才能发挥其优良作用。

（二）热熔黏合机

热熔黏合机是黏合衬布压烫加工的专用设备，热熔黏合主要有传输带式黏合机与滚筒式黏合机两种类型，图 6－3 为传输带式黏合机。发热元件是热熔黏合机的主要部件。热熔黏合工艺参数主要有温度、时间与压力，工艺参数的确定主要取决于衬布热熔胶种类特征与面料的性能。

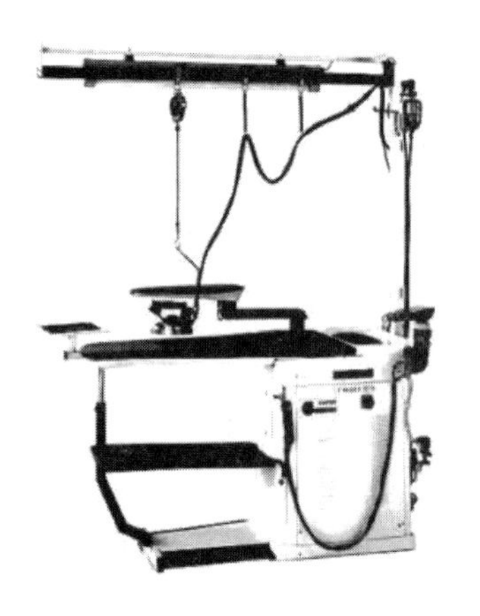

图 6－2　熨斗与吸风烫台

图 6－3　热熔黏合机

（三）压烫机械

压烫是利用上下烫模的相互作用完成熨烫的方法。压烫机械可分为模熨与夹熨两大类。

1. 模熨

模熨的过程是将服装夹紧在模熨机械的上下烫模，烫模喷出高温蒸汽，使布料热塑成型，并利用真空泵产生的强烈吸引力通过烫模来吸收湿气，使布料冷却定型完成熨烫过程。例如帽子、领、袖与胸罩罩杯等的成型加工，图 6－4 为肩袖整烫机。

在模熨机械中，上下烫模是两个关键的部件，其设计要充分考虑到服装的造型特点，达到合理而现代感强的目的，并且上下烫模要达到合理的配合。由于模熨机的上下烫模是针对服装各部位的造型特点而设计的，因此，它对于提高服装的质量无疑起着十分重要的作用。当然，由于模烫机械占地面积大，能耗较高，且专门性较强，因此多为专业化大批量生产使用，不适合于小厂及小批量的服装生产。在西装生产中使用的服装压烫流水线就是不同种类模熨机械的组合。

2. 夹熨

夹熨是将布料或成品服装平放于特定安置的平面上，然后再利用另一平面，对其施加一定的压力，达到热定型的目的。夹熨机械单机较多。其主要构成与模熨机械大致相同，但夹熨机械的上下烫模与模熨机械不同，它们多呈平面或略有凹凸，如图 6－5 所示。因为夹熨机械一般为单机，适应性较强，因此，它很容易被小工厂或小批量服装生产者采用，从而在一定程度上代替了专用性较强的模烫机械。另外在干洗行业也有一定的运用。

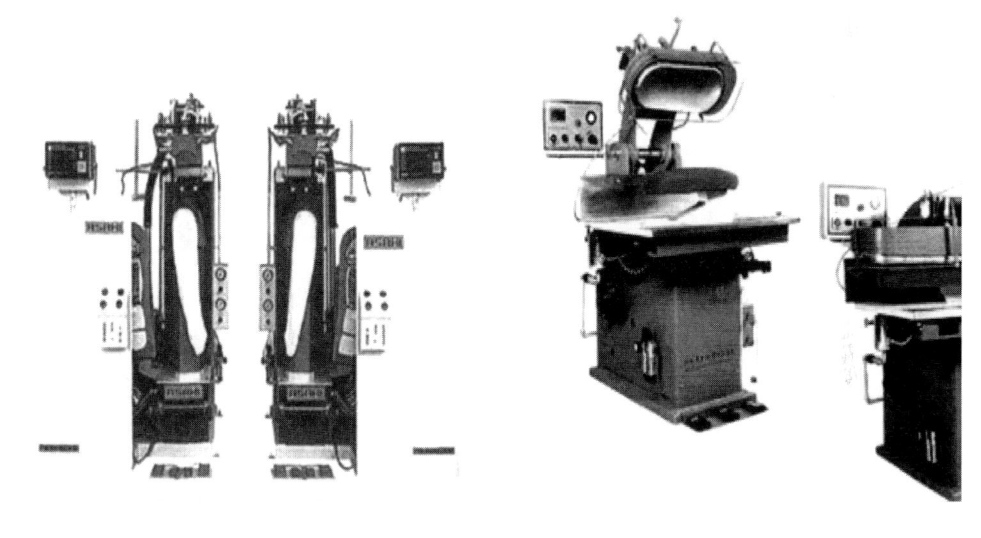

图 6－4　模烫机械（肩袖整烫机）　　图 6－5　夹熨机械

（四）人像蒸汽熨烫

又称立体整烫或整体整烫。它是利用一种可调节（手工调节、自动调节）、可膨胀的人像袋，在蒸汽及真空的作用下膨胀，从而使服装表面达到一定的温度、含湿量，并产生一定的压力，使服装达到一定蒸汽定型效果。图 6－6 为人像蒸汽熨烫机，图 6－7 为其结构示意图。

人像蒸汽熨烫机被广泛应用于各类大衣、外套、内衣等的熨烫。对于绒类织物（如平绒、灯芯绒）及毛皮织物，采用人像蒸汽熨烫，可防止出现倒绒倒毛现象。尤其对于轻薄织物（如真丝、人造丝等）更可显出人像熨烫的有益之处。由于人像蒸汽熨烫是将整件衣服一次烫完，因此，它的服装整体熨烫造型效果较好，但某些局部效果则显然不及模熨等熨烫方式。人像熨烫的效率较高，除将衣服取走的动作，其余全由机械自动完成，整个过程仅为几十秒钟。同时由于自动化程度比较高，设备的操作也非常简单。

图 6-6　人像蒸汽熨烫机

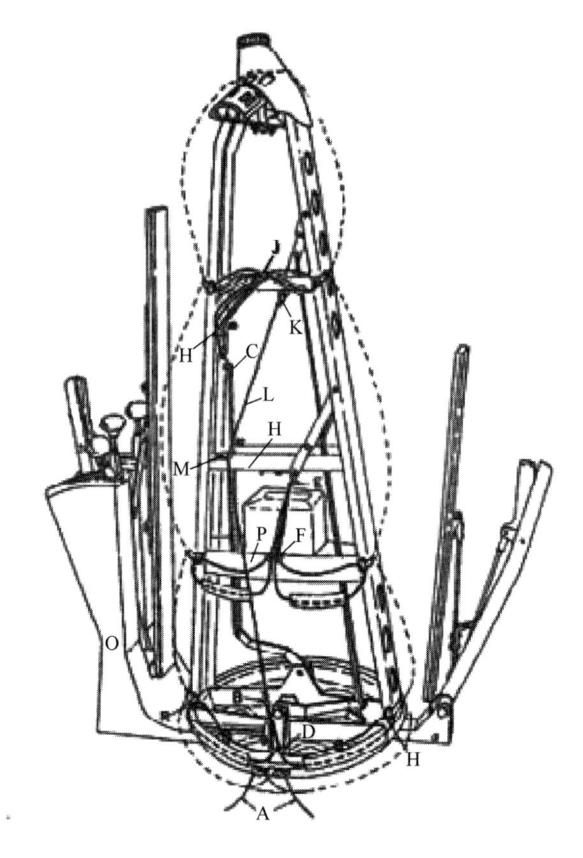

图 6-7　人像蒸汽熨烫机结构示意图

（五）去皱挂烫机

去皱挂烫机，是利用一种小型的蒸汽发生器产生蒸汽，并通过管道经出气喷头将蒸汽作用于服装表面，可以在一定程度上消除服装在储运与穿着过程中形成的轻微褶皱。这种轻便的设备多适用于商场、家庭、酒店等娱乐场所。

服装熨烫设备的种类很多，尽管不同的熨烫设备具有不同的熨烫效果与效率，但其熨烫的工作原理是大致相同的，都遵循服装熨烫的基本物理过程：加湿升温（蒸汽）→压力成型→去湿迅速冷却。随着科学技术与服装行业的迅速发展，各种新的熨烫工艺不断涌现，熨烫设备也将会不断完善和更新。

五、整烫工艺

熨烫服装时，在确保去掉了所有的污垢和脏物后，正确地确定服装材料的原料、原料最佳表现、服装形态等，便可开始熨烫。

（一）熨烫顺序

熨烫的原则：先烫反面，再烫正面，或者先烫局部，再烫整体。

上装的熨烫顺序：分缝→贴边→门襟→口袋→后身→前身→肩袖→衣领。

裤装的熨烫顺序：腰部→裤缝→裤脚→裤身。

衬衫的熨烫顺序：分缝→袖子→领子→后身→小裥→门襟→前肩。

（二）熨烫工艺手法

熨烫方法和技巧主要针对手工熨烫来讨论。手工熨烫是人们在材料给湿后（有的不给湿），用手操作熨斗发热体，在烫台上，通过掌握熨斗的方向、压力大小、时间长短等使服装表面平服或形成服装上各种变形需要进行的熨烫。

人们总结出“推、归、拔”的工艺，“推”是通过熨斗的运动，将服装衣片的多余部分由某一部位推向另一部位。“归”是将材料经熨烫后紧缩、耸起，形成胖形弧线。“拔”是将材料拉伸、拔开。在实际操作中，手工熨烫与操作者的熟练程度有关。使用的基本方法有：推烫、注烫、托烫、侧烫、压烫等。

1. 推烫

推烫是运用熨斗的推动压力对服装进行熨烫的方法。此方法经常被使用，特别是在服装熨烫一开始时，适于服装上需熨烫的部位面积较大，而其表面又只是轻微折皱的情况。

2. 注烫

注烫是利用熨斗的尖端部位对服装上某些狭小的范围进行熨烫的方法。此方法在熨烫纽扣及某些饰品周围时比较有效。操作时将熨斗后部抬起，使尖部对着需熨烫的部位进行加力。

3. 托烫

托烫是将需熨烫的服装部位用手或“棉馒头”或烫台端部托起进行熨烫的方法。此方法对于服装的肩部、胸部、袖部等部位比较有效。操作时，不能将以上部位平放在烫台上，而应用手或“棉馒头”或烫台端部将其托出，结合推烫进行熨烫。如图6－8所示。

图6－8　西裤整烫（托烫）

4. 侧烫

侧烫即利用熨斗的侧边对服装局部进行熨烫。此方法对形成服装的褶、裥、缝等部位的熨烫比较有效，而又不影响其他部位。操作时，将熨斗的一个侧面对着需熨烫的部位施力便可。

5. 压烫

压烫即利用熨斗的重量或加重的压力对服装需熨烫的部位进行往复加压熨烫，有时也称为研磨压烫。此方法对服装上需要一定光泽的部位采用，反之则不能采用。操作时，将熨斗在需熨烫的部位往复加压熨烫便可。

6. 焖烫

焖烫也是利用熨斗的重量或加重的压力，缓慢地对服装需熨烫的部位进行熨烫。此方法主要针对领、袖、折边等不希望产生强烈的光泽部位比较有效。操作时，对需熨烫的部位重点加压，但不要往复摩擦。

7. 悬烫

悬烫是利用蒸汽产生的力量，对服装需熨烫的部位进行熨烫的方法。此方法用于去掉那些不能加压熨烫的服装折皱，如起绒类的服装。但操作时应注意绒毛方向，以保持原绒毛状态为原则。

六、不同材料服装的整烫要点

（一）梭织服装材料的熨烫

不同的服装材料由于其纤维原料的不同、织物结构的不同、服装结构的不同等熨烫方法也有所差异。此处就不同材料的熨烫原则进行介绍。

1. 棉质服装

棉质服装的熨烫效果比较容易达到，不易伸缩或产生极光，但其在穿用过程中保持的时间并不长，它受外力后容易再次变形。喷水后用高温熨烫，深色服装宜反面熨烫。

棉质服装需经常熨烫，熨烫温度160～180℃，危险温度240℃。对于棉与其他纤维的混纺材料，其熨烫温度应相应降低，特别是氨纶包芯纱织物如弹力牛仔布等，应用蒸汽低温压烫，否则易出现个别部位起泡的现象。

2. 麻质服装

麻质服装同棉质服装一样也比较容易熨烫，但其褶裥处不宜重压，以免纤维脆断。麻织物的洗可穿性比较差，也需经常熨烫，其熨烫温度为175～195℃，危险温度240℃。近年仿麻织物较多，有的含麻量少，有的根本不含麻，应分别对待。

3. 真丝服装

真丝服装指蚕丝织物制成的服装。此类衣物比较精致、轻薄，光泽柔和，不宜在织物正面熨烫。熨烫前将衣物拉平至原状，在半干状态下反面熨烫，如正面熨烫则需垫衬布。去皱纹可覆盖湿布后用熨斗压平。熨烫温度为120～160℃，危险温度200℃。熨烫可使其平服，但不易形成褶裥。柞蚕丝织物不能湿烫，否则会出现水渍。注意，丝绸织物不一定全是蚕丝织物，丝绸织物中还有大量的化纤长丝织物，应区分对待。

4. 毛料服装

毛料服装光泽柔和，纤维表面有鳞片，宜在半干时在衣物反面衬湿布熨烫，以免发生极光或烫焦现象。其熨烫温度为140～160℃，危险温度210℃。在垫湿布的情况下熨烫，可使服装光泽柔和。其熨烫效果在服装干态时可保持不变，一旦洗涤后，需要重新熨烫，才能使服装平服。

5. 黏胶类衣物

黏胶织物熨烫比较容易，但熨烫时不宜用力拉扯服装材料，以防变形。粗厚类衣物同棉类衣物，松薄类衣物需在反面衬棉布熨烫，温度可稍低。最好采用蒸汽熨烫，在领、袖部位最好垫衬布熨烫，以免产生极光。其熨烫温度为120～160℃，危险温度200～230℃。

6. 涤纶类衣物

涤纶类衣物熨烫时熨烫温度为120～160℃，危险温度190℃。需要注意第一次的熨烫定型，一方面是一步到位的变形需要，另一方面是以后要改变必须比第一次时的温度要高，如此会影响效果。因为涤纶本身保形性好，挺括，因此在服用时，一般不必熨烫或仅需稍加轻微熨烫。熨烫时，应注意保持衣物平整，若压烫成皱则较难去除，深色衣物宜熨烫反面。

7. 锦纶类衣物

锦纶织物稍加熨烫便可平整，但不易保持，服用时较易折皱，挺缝与褶裥也较难形成。对于浅色服装最好采用反面衬湿布低温熨烫，否则易烫发黄。其熨烫温度为120～140℃，危险温度170℃。

8. 腈纶类衣物

由于腈纶织物蓬松，压力应适当小些，类似于毛织物。必须熨烫时，宜衬湿布，熨烫温度不宜过高，时间不宜过久，防止热收缩与极光的产生。其熨烫温度为120～140℃，危险温度180℃。

9. 维纶类衣物

因维纶不耐湿热，必须在衣物晾干后衬垫干布进行熨烫。熨烫时不能喷水或垫湿布，否则易产生水渍或引起严重的收缩。熨烫温度为120～140℃，危险温度180℃。

10. 丙纶、氯纶类衣物

因丙纶不耐干热，所以纯丙纶类衣物不宜熨烫。混纺类衣物熨烫时，必须采用低温，且垫湿布，切忌直接在衣物正面熨烫。熨烫温度为90～110℃，危险温度130℃。

此外，各种混纺织物的熨烫方法视混纺的纤维品种与混纺的比例而定，一般谁的比例大，处理标准偏重于谁。

（二）针织服装材料的熨烫

针织品是一种特殊的服装产品，是由线圈构成，如羊毛衫、棉毛衫、棉毛裤等。我们把针织品熨烫的主要目的归结为以下几点：

①免除潜在的张力，以免发生不应有的变形与不平衡。

②稳定针织面料的线圈结构。

③使线圈结构发生改变并予以定型。

④令线圈长短，形状划一。

⑤使面料平服、顺滑、消除折皱。

⑥令面料顺直，免除经纬向的变形。

针织品的熨烫同样有中间熨烫与整烫的区别，但中间熨烫较少，整烫要求较高。整烫可以使其获得最佳的外观效果。所有的皱纹折痕以及在缝制过程中产生的变形和不平衡都会因整烫而消除，并且面料的组织也会更加稳定。对于针织服装的熨烫熨斗底面通常要更大一些。由于线圈构成的组织容易变形，为了固定服装规格尺寸，通常会采用特制的熨衣板（图6－9），这在针织熨烫中更为重要。

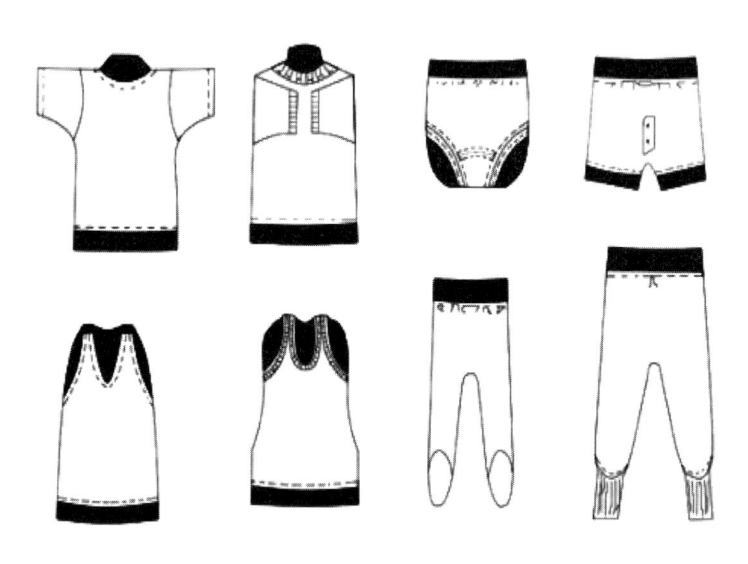

图6－9 针织服装的熨板

针织服装熨烫顺序通常有两步：第一步，将针织服装理顺，有扣子的将扣子扣好；第二步，将针织服装套上烫板，依次烫平，要求直边应平直，领圈等弧线应圆顺。

本章小结

服装的洗涤与整烫是服装服用过程中的重要环节，如果我们对服装的洗涤与整烫了解不够，就有可能因人为的操作失误而导致服装外观和内在品质受到不利的影响。因此，正确地对服装进行洗涤与整烫是非常重要的。

影响服装洗涤与整烫的主要因素是服装材料与服装造型，本章主要阐述了基于服装材料性能与服装外观造型要求的服装水洗与干洗、服装整烫原理与方法要点等，使服装经过上述整理后，可以达到并保持良好的服用性能和外观造型效果。

思考题

1. 试述服装的洗涤保养要点。
2. 举一例说明服装洗涤、保养熨烫的方法与步骤。
3. 阐述整烫中归、拔的工艺手法和作用。
4. 通过实验对比真丝服装与涤纶仿真丝服装的整烫要点。

参考文献

［1］朱远胜．面料与服装设计［M］．北京：中国纺织出版社，2008.

［2］朱松文，刘静伟．服装材料学［M］．第4版．北京：中国纺织出版社，2010.

［3］许可．服装造型设计［M］．上海：东华大学出版社，2011.

［4］东华大学继续教育学院．服装应用设计［M］．北京：中国纺织出版社，2011.

［5］李当岐．西洋服装史［M］．北京：高等教育出版社，2005.

［6］毛莉莉．毛衫产品设计［M］．北京：中国纺织出版社，2009.

［7］杨建忠，崔世忠，张一心．新型纺织材料及应用［M］．上海：东华大学出版社，2003.

［8］张渭源．服装舒适性与功能［M］．北京：中国纺织出版社，2005.

［9］陈雪清．服装材料在款式造型中的应用［J］．艺术生活－福州大学厦门工艺美术学院学报，2008，5：81—82.

［10］威尼费雷德·奥尔德里奇．面料·立裁·纸样［M］．张浩，郑嵘，译．中国纺织出版社，2001.

［11］杰妮·阿黛尔．时装设计元素：面料与设计［M］．朱方龙，译．中国纺织出版社，2010.

［12］马宏林．论服装立体造型辅助填充材料［J］．艺海，2011，11：1.

［13］刘静伟．服装洗涤去污与整烫［M］．北京：中国纺织出版社，1999.

［14］李哲．面料性能与缩褶吃量的相关性［J］．纺织学报，2009，30（9）：98—101.

［15］冷绍玉．服装裁剪设备选择指南［J］．中国制衣，2008，2：72—74.

［16］杨丽娜．计算机在裁剪中的应用［J］．山东轻工业学院学报，2004，18（3）：40—42.

［17］姜蕾．车缝附件在服装生产中的应用［J］．北京服装学院学报，1997，17（2）：83—86.

［18］孙金阶．服装缝纫质量影响因素初探［J］．西北纺织工学院学报，2000，14（1）：30—34.

［19］陈之戈，陈雁．服装面料的缝制加工性能［J］．丝绸，2001，3：28—29.

［20］李艳梅．面料性能对服装缝纫质量的影响分析［J］．上海纺织科技，2008，36（3）：13—15.

［21］支阿玲，朱秀丽，汪休冬．特殊压脚对缝纫工艺质量及效率的影响研究［J］．丝绸，2012，49（5）：24—28.

［22］胡茗，贾莉．不同面料在熨烫工艺下对服装结构量化的影响［J］．西安工程大学学报，2008，22（4）：456—460.

［23］张艳红．浅说服装熨烫［J］．纺织导报，2008，12：108—109.

［24］冷绍玉．熨烫设备的使用与熨烫质量控制［J］．中国制衣，2008，11：88—89.

［25］吴微微，全小凡．服装材料及其应用［M］．杭州：浙江大学出版社，2000.

中国国际贸易促进委员会纺织行业分会

中国国际贸易促进委员会纺织行业分会成立于1988年，成立以来，致力于促进中国和世界各国（地区）纺织服装业的贸易往来和经济技术合作，立足为纺织行业服务，为企业服务，以我们高质量的工作促进纺织行业的不断发展。

简况

每年举办（或参与）约20个国际展览会
涵盖纺织服装完整产业链，在中国北京、上海和美国、欧洲、俄罗斯、东南亚、日本等地举办
广泛的国际联络网
与全球近百家纺织服装界的协会和贸易商会保持联络
业内外会员单位2000多家
涵盖纺织服装全行业，以外向型企业为主
纺织贸促网 www. ccpittex. com
中英文，内容专业、全面，与几十家业内外网络链接
《纺织贸促》月刊
已创刊十八年，内容以经贸信息、协助企业开拓市场为主线
中国纺织法律服务网 www. cntextilelaw. com
专业、高质量的服务

业务项目概览

中国国际纺织机械展览会暨ITMA亚洲展览会（每两年一届）
中国国际纺织面料及辅料博览会（每年分春夏、秋冬两届，分别在北京、上海举办）
中国国际家用纺织品及辅料博览会（每年分春夏、秋冬两届，均在上海举办）
中国国际服装服饰博览会（每年举办一届）
中国国际产业用纺织品及非织造布展览会（每两年一届，逢双数年举办）
中国国际纺织纱线展览会（每年分春夏、秋冬两届，分别在北京、上海举办）
中国国际针织博览会（每年举办一届）
深圳国际纺织面料及辅料博览会（每年举办一届）
美国TEXWORLD服装面料展（TEXWORLD USA）暨中国纺织品服装贸易展览会（面料）（每年7月在美国纽约举办）
纽约国际服装采购展（APP）暨中国纺织品服装贸易展览会（服装）（每年7月在美国纽约举办）
纽约国际家纺展（HTFSE）暨中国纺织品服装贸易展览会（家纺）（每年7月在美国纽约举办）
中国纺织品服装贸易展览会（巴黎）（每年9月在巴黎举办）
组织中国服装企业到美国、日本、欧洲及亚洲等其他地区参加各种展览会
组织纺织服装行业的各种国际会议、研讨会
纺织服装业国际贸易和投资环境研究、信息咨询服务
纺织服装业法律服务